配电网
调控技术及应用

国网浙江省电力有限公司绍兴供电公司　组编

PEIDIANWANG
TIAOKONG JISHU JI YINGYONG

中国电力出版社
CHINA ELECTRIC POWER PRESS

内 容 提 要

本书结合配电网发展现状，聚焦配电网人员能力提升需求，从配电网基础知识入手，介绍配电网调控基础、配电网保护自动化配置、配电自动化主站系统、配电网事故处理和抢修指挥等内容，并对新型电力系统下配电网发展进行了展望。

本书注重实际，可操作性强，可供配电网调控人员及配电网管理人员提升技能水平和业务素质。

图书在版编目（CIP）数据

配电网调控技术及应用/国网浙江省电力有限公司绍兴供电公司组编. —北京：中国电力出版社，2024.4（2025.1重印）

ISBN 978-7-5198-8730-8

Ⅰ.①配… Ⅱ.①国… Ⅲ.①配电系统－电力系统调度 Ⅳ.①TM73

中国国家版本馆 CIP 数据核字（2024）第 076992 号

出版发行：中国电力出版社
地　　址：北京市东城区北京站西街 19 号（邮政编码 100005）
网　　址：http://www.cepp.sgcc.com.cn
责任编辑：崔素媛（010-63412392）
责任校对：黄　蓓　王海南
装帧设计：张俊霞
责任印制：杨晓东

印　　刷：中国电力出版社有限公司
版　　次：2024 年 4 月第一版
印　　次：2025 年 1 月北京第二次印刷
开　　本：710 毫米×1000 毫米　16 开本
印　　张：8.25
字　　数：119 千字
定　　价：45.00 元

编委会

主　任　赵寿生　谢宝江

副主任　沈　健　陈根奇

委　员　杨晓丰　韦亚敏　张双权　胡恩德　杨　炀
　　　　　金　路

编写组

主　编　陈根奇　沈　健

副主编　韦亚敏　王少春　李　勇

参　编　孙伟刚　王　琰　赵印明　李　刚　杜　旭
　　　　　黄振华　蒋　鑫　袁恩君　李孝蕾　李　爽
　　　　　余　剑　周水良　韩立楠　金红华　冯哲峰
　　　　　郝建华　张立刚　唐伟刚　李成标　王政宇
　　　　　黄维持　孙夕彬　赵　琪　王书培　陈楚航
　　　　　金园园　宋美雅　钱旭东　马　欣　李　科
　　　　　汪瀚湘　王文博　杨更宇

配电网调控技术及应用 前　言

随着新型电力系统建设的推进和配电网新技术的广泛应用，国网浙江省电力有限公司绍兴供电公司在配电网调控运行等方面做了一些创新探索，对相关素材进行收集、整理，并组织技术人员编写书籍，旨在强化配电网调控人员安全管理，提高配电网技术人员的业务素质。

本书共分 6 章，第一章概述，介绍配电网基础知识、配电网一、二次系统基础知识。第二章是配电网调控基础，分为配电网调控操作原则、配电网基本操作等。第三章是配电网保护自动化配置，包括 10kV 电缆线路配电网保护整定配置原则、 10kV 架空混合线路配电自动化实施原则及配电网线路合闸速断技术等。第四章是配电自动化主站系统，从系统架构、基础功能、高级应用功能、安全防护及发展远景五个方面进行介绍。第五章是配电网事故处理和抢修指挥，从配电网事故处理原则，异常事故处理流程及典型案例及 "看图指挥" 在事故处理中的应用三个方面展开。第六章是新型电力系统下配电网发展展望，分析了新型电力系统面临的挑战，畅想了新型电力系统建设下配电网发展展望。

本书由具有丰富配电网调度经验的技术人员及配电网管理经验的专业培训师编写，主要目的是提升配电网调控人员技能水平，具备快速、精准处置配电网故障的能力，减少故障停电时间，提升供电可靠性。本书也介绍了绍兴供电公司在配电网调控运行方面的一些典型创新做法，可供相关单位参考借鉴。

由于配电网新技术的不断发展和完善，加之编写人员水平有限，实践经验也有局限性，书中难免存在错误与不足之处，恳请专家和读者批评指正。

编　者

2024 年 1 月

第一章 概 述

本章从配电网基本知识、一次设备、二次设备等方面简要介绍了配电网典型架构、配电线路和开关站设备、继电保护、配电自动化、配电通信等几个方面的内容，旨在让相关技术人员对配电网有一个整体性、系统性认识。

第一节 配电网基础知识

一、配电网的概念

连接并从输电网（或本地区发电厂）获取电力，就地或逐级向各类用户输送电能的电力网称为配电网。配电网设施主要包括配电变电站、配电线路、断路器、负荷开关、配电变压器、继电保护、自动化设备等。

二、配电网的分类及特点

配电网的分类有多种方式，按电压等级可分为高压配电网、中压配电网和低压配电网；按线路性质不同，可分为架空型配电网、电缆型配电网以及架空电缆混合型配电网；依据供电区域不同，可分为城市配电网与农村配电网。

（一）按电压等级分

1. 高压配电网

高压配电网指由高压配电线路和相应电压等级的配电变电站组成的向用户提供电能的配电网，高压配电网分为 110、66、35kV 三个电压等级，城市配电网一般采用 110kV 作为高压配电电压，高压配电网具有容电量大、负荷重、负荷节点少，供电可靠性要求高等特点。

2. 中压配电网

中压配电网指由中压配电线路和相应电压等级的配电变电站组成的向用户提电能的配电网,中压配电网分为 20、10kV,中压配电网具有供电面广,容量大、配电点多等特点。

3. 低压配电网

低压配电网指由低压配电线路及其附属设备组成的向用户提供电能的配电网。低压配电网分为 380、220V。低压配电线路供电容量不大,但分布面广,除一些集中用电的用户外,大量是供给城乡居民生活用电及分散的街道照明用电等。我国规定采用单相 220V、三相 380V 的低压额定电压。

(二) 按配电线路的形式分

1. 架空配电网

架空配电网主要由架空配电线路、柱上断路器、配电变压器、防雷保护、接地装置等构成。

架空配电网设备材料简单,成本低,故障后维修方便,目前在郊区、农村被广泛使用。缺点是:架空配电网容易受到外界因素影响,供电可靠性差,且影响市容。

2. 电缆配电网

电缆配电网是以地下配电电缆和配电变电站组成的向用户供电的配电网,其电缆配电线路一般直接埋设在地下。其主要由电缆本体、电缆中间接头、电缆终端头等组成,与架空配电网相比,其受外界的因素影响较小,且不影响市容。缺点是:建设投资费用大,运行维护成本高,故障点难确定等。

3. 混合配电网

混合配电网是指其配电线路由架空配电线路和电缆配电线路共同组成。

(三) 按供电区域分

供电区域划分主要依据行政级别或区域的负荷密度、用户重要程度、经济发达程度等因素。供电区域具体划分如表 1-1 所示。

表 1-1   供 电 区 域 划 分 表

供电区域		A+	A	B	C	D	E
行政级别	直辖市	市中心区或 $\sigma \geqslant 30$	市区或 $15 \leqslant \sigma < 30$	市区或 $6 \leqslant \sigma < 15$	城镇或 $1 \leqslant \sigma < 6$	农村或 $0.1 \leqslant \sigma < 1$	—
	省会城市、计划单列市	$\sigma \geqslant 30$	市中心区或 $15 \leqslant \sigma < 30$	市区或 $6 \leqslant \sigma < 15$	城镇或 $1 \leqslant \sigma < 6$	农村或 $0.1 \leqslant \sigma < 1$	—
	地级市（自治州、盟）	—	$\sigma \geqslant 15$	市中心区或 $6 \leqslant \sigma < 15$	市区、城镇或 $1 \leqslant \sigma < 6$	农村或 $0.1 \leqslant \sigma < 1$	农牧区
	县（县级市、旗）	—	—	$\sigma \geqslant 6$	城镇或 $1 \leqslant \sigma < 6$	农村或 $0.1 \leqslant \sigma < 1$	农牧区

注　1. σ 为供电区域的负荷密度（MW/km^2）。

　　2. 供电区域面积一般不小于 $5km^2$。

　　3. 计算负荷密度时，应扣除 110（66）kV 专线负荷，以及高山、戈壁、荒漠、水域、森林等无效供电面积。

各类供电区域应满足如表 1-2 所示的规划目标。

表 1-2   供电区域的规划目标

供电区域	供电可靠率	综合电压合格率
A+	用户年平均停电时间不高于 5min（$\geqslant 99.999\%$）	$\geqslant 99.99\%$
A	用户年平均停电时间不高于 52min（$\geqslant 99.990\%$）	$\geqslant 99.97\%$
B	用户年平均停电时间不高于 3h（$\geqslant 99.965\%$）	$\geqslant 99.95\%$
C	用户年平均停电时间不高于 12h（$\geqslant 99.863\%$）	$\geqslant 98.79\%$
D	用户年平均停电时间不高于 24h（$\geqslant 99.726\%$）	$\geqslant 97.00\%$
E	不低于向社会承诺的指标	不低于向社会承诺的指标

三、配电网的典型架构

合理的电网结构需满足供电可靠性、运行灵活性、降低网络损耗的要求。高压、中压和低压配电网 3 个层级相互匹配、相互支援，以实现配电网技术经济的整体最优。

（1）正常运行时，各变电站应有相互独立的供电区域，故障或检修时，变电站之间应有一定比例的负荷转供能力。

（2）同一供电区域内，变电站中压出线长度及所带负荷宜均衡，有合理的分段和联络；故障或检修时，中压线路应具有转供负荷的能力。

（3）接入一定容量的分布式电源时，应合理选择接入点，控制短路电流及电压水平。

（4）可靠性高的配电网应具备网络重构能力，能实现故障自动隔离。

电网建设的初期及过渡期，可根据供电安全准则要求与目标电网结构，选择合适的过渡电网结构，分阶段逐步建成目标网架。

低压配电网结构应简单安全，宜采用辐射式结构。低压配电网应以配电站供电范围实行分区供电，低压架空线路可与中压架空线路同杆架设，但不应跨越中压分段开关区域。可采用双配变配置的配电站，两台配变压器的低压母线之间可装设联络开关，其配电网典型架构如图 1-1 所示。

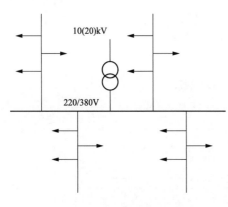

图 1-1　配电网典型架构

推广"三双"接线方式可进一步提高供电可靠性。所谓"三双"接线方式即为"双电源、双线路、双接入"的模式。其中，"双电源"指两个上级高压变电站，"双线路"指连接"双电源"的两条中压电缆或架空线路，"双接入"指公用配电变压器通过自动投切的开关接入"双线路"。三双接线供区内的任一用户，都可以拥有双电源、双线路、双接入。典型的"三双"接线架构如图 1-2 所示。

中压配电网花瓣接线是指，每个花瓣的两回电源线路来源于同一变电站的同一段 20kV 母线，每两个花瓣之间通过联络线形成联络，正常运行方式下，花瓣合环运行，联络线处于充电运行状态。花瓣在正常运行方式下具有两路电源供电，花瓣内任何"N－1"均不影响其他设备供电。若变电站侧 20kV 母线故障或检修，本花瓣负荷通过联络线 L15 转相邻花瓣供电。若变电站侧变压器故障或检修，则本花瓣负荷通过 20kV 母联转相邻变压器供电。其配电网典型架构如图 1-3 所示。

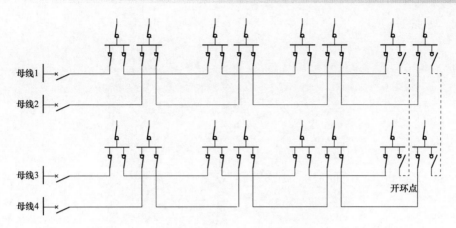

图 1-2　典型的"三双"接线架构

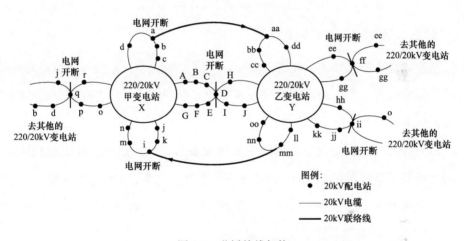

图 1-3　花瓣接线架构

第二节　配电网一次系统

一、配电线路

（一）配电网架空线路

1. 配电网架空线路的介绍

配电网架空线路指架设在地面之上，用绝缘子将输电导线固定在直立于地面的杆塔上以传输电能的输电线路。目前我国 10kV 配电网较多采用架空线路方式，如图 1-4 所示。

图 1-4　配电网架空线路

2. 配电网架空线路的构成

架空线路主要有导线、杆塔、横担、拉线、绝缘子、金具等构成，此外还包括在架空线路上安装的附属电气设备，如配电变压器、柱上断路器、跌落式熔断器、隔离开关、故障指示器等。

（1）导线。导线是架空线路的主要组成部分，它担负着传递电能的作用，是通过绝缘子架设在杆塔上的。目前导线主要可分为裸导线和绝缘导线。

架空线路常用的裸导线主要有：裸铜绞线（TJ）、裸铝绞线（LJ）、钢芯铝绞线（LGJ）、防腐钢芯铝绞线（LGJF）。

1）裸铜绞线（TJ）。具有良好的导电性能和足够的机械强度，对风雨和化学腐蚀作用的抵抗力都较强，但价格较高。

2）裸铝绞线（LJ）。其导电性能及机械强度仅次于铜导线。铝导线极易氧化，氧化后的薄膜能防止进一步的腐蚀，铝的抗腐蚀能力较差，而且机械强度小，但导线价廉、资源丰富，多用于 6～10kV 的线路，杆距不超过 100～125m。

3）钢芯铝绞线（LGJ）。它是一种复合导线，如图 1-5 所示。它利用机械强度高的钢线和导电性能好的铝线组合而成，其导线外部为铝线，导线的电流几乎全部由铝线传输，导线的内部是钢线，导线上所承受的力作用主要由钢线承担。被广泛采用于高压输电线路中。

4）防腐钢芯铝绞线（LGJF）。具有钢芯铝绞线的特点，同时防腐性好，一般用在沿海地区、咸水湖及化工工业地区等周围有腐蚀性物质的高压和超高压架空线路上。

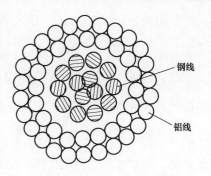
图 1-5 钢芯铝绞线示意图

5）架空绝缘导线是近年来城市电网建设中应用比较广泛的一种新型线材，与普通的架空裸导线相比，具有绝缘性能好、安全可靠等优点。绝缘导线的类型有中、低压单芯绝缘导线、低压集束型绝缘导线、中压集束型半导体屏蔽绝缘导线、中压集束型金属屏蔽绝缘导线等。

6）架空导线的排列原则：三相四线制低压架空线路的导线一般采用水平排列，如图 1-6 所示。其中，因中性线的截面较小，机械强度较差，一般架设在中间靠近电杆的位置。如线路沿建筑物架设，应靠近建筑物。中性线的位置不应高于同一回路的相线，同一地区内中性线的排列应统一。三相三线制架空线可采用三角形排列，如图 1-6（b）（c）所示，也有水平排列如图 1-6（f）所示。

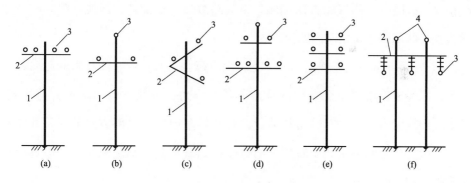

图 1-6　导线在电杆上的排列方式

（a）三相四线排列；（b）正三角形排列；（c）斜三角形排列；（d）混合排列；（e）垂直排列；（f）水平排列

1—电杆；2—横担；3—导线；4—避雷线

多回路导线同杆架设时，可混合排列或垂直排列，如图 1-6（d）、（e）所示。但对同一级负荷供电的双电源线路不得同杆架设。而且不同电压的线路同杆架设时，电压较高的导线在上方，电压较低的导线在下方。动力线与照明线同杆架设时，动力线在上，照明线在下。仅有低压线路时，广播通信线在最下方。

（2）杆塔。杆塔主要是用来安装横担、绝缘子和架设导线的。配电用的杆塔按受力分悬垂型与耐张型杆塔；按材质不同可分为木杆、水泥杆（钢筋混凝土杆）、钢管杆及（窄基）铁塔等。按用途分类可分为直线杆塔、耐张杆塔、转角杆塔、终端杆塔、跨越杆塔、分支杆塔 6 种基本形式。

1）直线杆塔。直线杆塔又叫过线杆塔、中间杆塔，用字母 Z 表示。直线杆塔用于耐张段的中间，是线路中用得最多的一种杆塔。在平坦地区，这种杆塔占总数的 80% 左右。正常情况下，承受导线的垂直荷载（包括导线的自重、覆冰重和绝缘子质量）和垂直与线路方向向的水平风力。当两侧档距相差过大或一侧发生低断线时，承受由此产生的导线、避雷器的不平衡张力。

2）耐张杆塔。耐张杆塔又叫承力杆塔，用字母 N 表示，与直线杆塔相比较，其强度较大，用于线路的分段承力处。正常情况下，除承受与直线杆塔相同的荷载外，还承受导线的不平衡张力。在断线故障情况下，承受断线张力，防止整个线路杆塔顺线路方向倾倒，将线路故障（如倒杆、断线）限制在一个耐张段（两基耐张杆之间的距离）内。

3）转角杆塔。用于线路的转角处，用字母 J 表示，有直线杆塔和耐张杆塔两种。该类型杆塔既承受导线的垂直荷载及内角平分线方向的水平分力荷载，又承受导线张力的合力。转角杆的角度是指转角前原有线路方向的延长线与转角后线路方向之间的夹角。转角杆的位置根据现场具体情况确定，一般选择在便于检修作业的地方。

4）终端杆塔。它是耐张杆塔的一种，用于线路的首端和终端，用字母 D 表示，它是一种能承受单侧导线等的垂直荷载和风压力，机械强度要求较大。

5）跨越杆塔。用于线路与铁路、道路、桥梁、河流、湖泊、山谷及其他交叉跨越之处，要求有较大的高度和机械强度。

6）分支杆塔。设在分支线路连接处，在分支杆上应装拉线，用来平衡分支线拉力。分支杆结构可分为丁字分支和十字分支两种：丁字分支是在横担下方增设一层双横担，以耐张方式引出分支线；十字分支是在原横担下方设两根互成 90° 的横担，然后引出分支线。

（3）横担。横担用来安装绝缘子、固定开关设备、电抗器及避雷器等，因此要求有足够的机械强度和长度。按材质可分为木横担、铁（角钢或槽钢）横担和瓷横担等。

（4）拉线。架空配电线路为了平衡导线或风压对电杆的作用，通常采用拉线来加固电杆。拉线多采用多股铁拉线绞成或由钢绞线制成，埋入地下，其作用是平衡电杆各方向的拉力并抵抗风力，防止电杆弯曲或倾倒。按作用不同，可分为张力拉线和防风拉线两种。因此，在承力杆（如终端杆、转角杆分支杆等）上，均需装设拉线。

（5）绝缘子。绝缘子（俗称瓷瓶）是用来固定导线，并使导线与导线、导线与横担、导线与电杆间保持绝缘的装置。绝缘子应具有良好的电气性能和机械性能，还要对雨、雪、雾、风、冰、气温骤变以及大气中有害物质的侵蚀也应具有较强的抗御能力。悬式绝缘子和柱式绝缘子分别如图 1-7 和图 1-8 所示。

图 1-7　悬式绝缘子

（6）金具。架空配电线路中，绝缘子连接成串、横担在电杆上的固定、绝缘子与导线的连接、导线与导线的连接、拉线与杆桩的固定等都需要一些金属附件，金具按性能和用途分可分为悬垂线夹、耐张线夹、连接金具、接续金具、保护金具、拉线金具等。

图 1-8 柱式绝缘子

（二）配电网电缆线路

1. 配电网电缆线路介绍

电缆线路的特点是造价高，不便分支，施工和维修难度大。与架空线路相比，电缆线路的优点是不妨碍市容和交通外，且供电可靠，不受外界影响。在现代企业中，电缆线路得到了广泛的应用，特别是在有腐蚀性气体或蒸汽，易燃、易爆的场所。

2. 配电网电缆线路的构成

电力电缆的结构，总体上是由导体（线芯）、绝缘层、屏蔽层、护层这 4 个部分构成，图 1-9 所示为电缆的结构组成示意图。

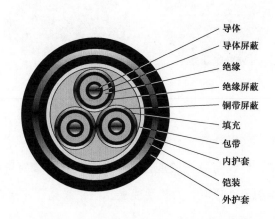

导体
导体屏蔽
绝缘
绝缘屏蔽
铜带屏蔽
填充
包带
内护套
铠装
外护套

图 1-9 电缆的结构组成示意图

3. 电缆的敷设方式

(1) 直接敷设。电缆线路直接埋设在地面下 0.7~1.5m 深的壕沟中的敷设方式。它适用于市区人行道、公园绿地及公共建筑间的边缘地带，是最经济、简便的敷设方式。

电缆线路直接埋设的主要优点包括：电缆散热良好、转弯敷设方便、施工简便、便于维修，造价低，线路输送容量大等。但电缆线路直埋敷设方式也有明显缺点：易遭受外力破坏；寻找故障点不方便，增设、拆除、故障修理都要开挖路面，影响市容和交通。

(2) 排管敷设。电缆敷设在预先埋设于地下管道中的一种电缆敷设方式。

电缆线路排管埋设的优点包括：外力破坏很少，寻找故障点相对方便，增设、拆除和更换方便，占地小，能承受的荷重大，电缆之间无相互影响。缺点：管道建设费用大，弯曲半径大，电缆热伸缩容易引起金属护套疲劳，电缆散热条件差，使载流量受限制，更换电缆困难。

(3) 电缆沟敷设。电缆敷设在预先砌好的电缆沟中的敷设方式，一般采用混凝土和砖砌结构，其顶部可用盖板覆盖。电缆沟敷设是用于变电站出线及重要街道，电缆的条数多或多种电压等级线路平行的地段，穿越公路铁路等地段。

电缆沟敷设的优点：造价低，占地较小，检修更换电缆较方便，走线容易且灵活方便。缺点：施工检查及更换电缆时，须搬动大量笨重的盖板；施工时，外物不慎落入沟中，容易将电缆碰伤。

(三) 配电线路设备

配电线路设备主要包括配电变压器、柱上断路器、隔离开关、负荷开关、跌落式熔断器、线路故障指示器、避雷器等。

1. 配电变压器

配电变压器，用于将中压配电电压的功率变换成低压配电电压功率，以供各种低压电气设备。配电变压器容量小，一般在 2500kVA 及以下，一次电压也较低，都在 20kV 及以下。

按照应用场合来分，配电变压器分为公用变压器和专用变压器。公用变压器由电力部门投资、管理；专用变压器是业主投资，电力部门代管，只给投资的业主自己使用。

配电变压器安装位置的选择，要考虑保证低压电压质量、减少线损、安全运行、降低工程投资、施工方便及不影响市容等。

农村配电变压器台区遵循小容量、高密度、短半径的原则，合理选择配电变压器的位置。尽量将配电变压器安装在负荷中心，从配电变压器的低压出线口到每个负荷点，尽量做辐射性向四周延伸，供电半径以不超过 500m 为宜。

2. 柱上断路器

柱上断路器是指在电杆上安装和操作的断路器，它是一种可以在正常情况下切断或接通线路，并在线路发生短路故障时，通过操作或继电保护装置的动作，将故障手动或自动切除的开关设备。断路器与负荷开关的主要区别在于断路器可用来开断短路电流。

断路器主要由开断元件、支撑绝缘件、传动元件、基座和操动机构 5 个基本部分组成。断路器按其所采用的灭弧介质，可分为油断路器、六氟化硫（SF_6）断路器、真空断路器、一体化智能断路器、量子智能断路器。

目前配电线路中已广泛采用户外交流高压智能柱上断路器，如图 1-10 所示。智能柱上断路器一般安装在 10kV 架空线路分段、联络、分支、责任分界点等场

图 1-10　一体化智能柱上断路器示意图

所，通过速断保护、过电流保护、涌流保护、过电压保护、单相接地等保护定值的合理整定，实现自动切除单相接地和隔离短路故障的目的。

一体化智能断路器具备双向计量功能实现电量数据自动采集和配电网自动化功能。配电自动化功能具备重合闸功能、定值管理、故障选择性保护和开关三遥功能。

加入量子加密模块可为用户提供远程智能终端设备安全防护能力及企业级办公专属通道，具备包括国密协议的 IPSec VPN、SSL VPN 功能，具备防火墙、入侵防护，攻击防范、应用过滤等安全组件，可以有效防范来自网络的威胁。

3. 柱上隔离开关

柱上隔离开关，如图 1-11 所示，是一种不具备灭弧能力的控制电器，其主要功能是隔离电源，以保证其他电气设备的安全检修，因此不允许带负荷拉合。

图 1-11　柱上隔离开关示意图

柱上隔离开关可用于线路设备的停电检修、故障查找、电缆试验、重构运行方式等，拉开柱上隔离开关使需要检修的设备与其他正在运行线路隔离，建立明显的断开点，保证检修或试验工作的安全。一般作为架空线路与用户的产权分界开关，以及作为电缆线路与架空线路的分界装置，还可安装在线路联络负荷开关一侧或两侧，以方便故障查找、电缆试验和检修更换联络开关等。

隔离开关不能带负荷操作，不能分合负荷电流和短路电流。一般送电操作时，先合隔离开关，后合断路器或负荷开关；断电操作时，先断开断路器或负荷开关再断开隔离开关。

4. 柱上负荷开关

负荷开关是一种功能介于断路器和隔离开关之间的电器，具有简单的灭弧功能，能通断一定的负荷电流和过负荷电流，但不能断开短路电流。因此它一般与高压熔断器串联使用，借助熔断器来进行短路保护。由于负荷开关使用方便，价格合理，因此负荷开关在10kV配电网系统中得到广泛的使用。在设计中合理选用负荷开关，对保障电网的安全、可靠运行有着重要意义。

5. 跌落式熔断器

跌落式熔断器俗称"令克"。是10kV配电线路分支线和配电变压器最常用的一种短路保护开关，它具有经济、操作方便、适应户外环境性强等特点，被广泛应用于10kV配电线路和配电变压器一次侧作为保护和进行设备投、切操作之用。

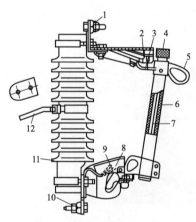

跌落式熔断器安装在10kV配电线路分支线上，可缩小停电范围，且具备了隔离开关的功能，给检修段线路和设备创造了一个安全作业环境。安装在配电变压器上，可作为配电变压器的主保护，所以在10kV配电线路和配电变压器中得到了普及，图1-12为跌落式熔断器示意图。

图1-12　跌落式熔断器示意图

1—接线端子；2—上静触头；

3—上动触头；4—管帽（带薄膜）；

5—操作环；6—熔管（外层为酚醛纸管

或环氧玻璃布管，内衬纤维质消弧管）；

7—熔丝；8—下动触头；9—下静触头；

10—下接线端子；11—绝缘子；

12—固定安装板

6. 避雷器

避雷器是用来限制雷电过电压的主要保护电器。架空配电线路多采用避雷器来进行防雷保护，避雷器接地也叫作过电压保护接地。

避雷器是一种能释放过电压能量限制过电压幅值的保护设备。避雷器应装在被保护设备近旁，跨接于其端子之间。过电压由线路传到避雷器，当其值达到避雷器动作电压时避雷器动作，将过电压限制到某一定水平（称为保护水平）。之后，避雷器又迅速恢复截止状态，电力系统恢复正常状态。

避雷器的保护特性是被保护设备绝缘配合的基础，改善避雷器的保护特性，可以提高被保护设备的运行安全可靠性，也可以降低设备的绝缘水平，从而降低造价。

7. 故障指示器

故障指示器安装在架空线、电力电缆、箱式变压器、环网柜、电缆分支箱里，用于指示故障电流的装置，如图 1-13 所示。故障指示器通常包括电流和电压检测、故障判别、故障指示器驱动、故障状态指示及信号输出和自动延时复位控制等部分。线路故障后，可借助指示器的报警显示，迅速确定故障区段，并找出故障点。同时，故障指示器能够做到实时检测线路的运行状态和故障发生的地点，彻底改变过去盲目巡线，分段合闸送电查找故障的落后做法，能极大地提高供电可靠性。故障指示器包括以下种类：

（1）故障指示器按应用对象可分为架空型、电缆型和面板型 3 种类型。

（2）根据是否具备通信功能故障指示器分为就地型故障指示器和带通信故障指示器。

（3）根据故障指示器实现的功能可分为短路故障指示器、单相接地故障指示器和接地及短路故障指示器。

图 1-13　架空型故障指示器示意图

二、开关站设备

(一) 开关站概述

1. 开关站介绍

开关站是配电网的重要组成部分，是向周围的用电单位供电的电力设施。它不仅是配电网底层最基本的单元，更是电力由高压向低压输送的关键环节之一。

开关站电源进线侧和出线侧电压相等，其主要电气设备为 10kV 开关柜。开关柜是为解决高压变电站中出线配电柜的数量不足和减少相同路径的线路条数等。开关站一般两进多出。

2. 开关站分类

开关站按照接线方式的不同可分为环网型开关站和终端型开关站。

(1) 环网型开关站。环网开关站主要是解决线路的分段和用户接入问题，开关站存在功率交换。环网开关站用于线路主干网，原则上开关站采用双电源进线，两路分别取自不同变电站或同一变电站不同母线。现场条件不具备时，至少保证一路采用独立电源，另一路采用开关站间联络线。开关站进线采用两路独立电源时，所带装接总容量控制在 12000kVA 以内；采用一路独立电源时，装接总容量控制在 8000kVA 以内。高压出线回路数宜采用 8～12 路，出线条数根据负荷密度确定。

(2) 终端型开关站。终端开关站用于小区或支线以及末端客户，起到带居民负荷和小型企业以及线路末端负荷的作用。一般采用双电源进线，一路取自变电站，另一路可取自公用配电线路；终端开关站所带装接容量不宜超过 8000kVA，高压出线回路数宜采用 8～10 路。所内设置配电变压器 2～4 台，单台容量不应超过 800kVA。

3. 10kV 开关站的接线方式及适用范围

10kV 开关站电气主接线的方式可以分为单母线接线、单母线分段接线和双母线接线 3 种类型，如图 1-14 和图 1-15 所示。

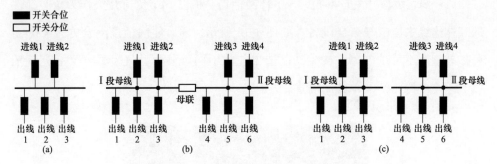

图 1-14　环网型开关站常见接线方式图

（a）单母线接线；（b）单母线分段联络接线；（c）单母线分段不联络接线

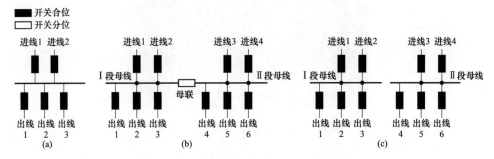

图 1-15　终端型开关站常见接线方式图

（a）单母线接线；（b）单母线分段联络接线；（c）单母线分段不联络接线

（二）环网柜概述

1. 环网柜的介绍

环形配电网，即供电干线形成一个闭合的环形，供电电源向这个环形干线供电，从干线上再一路一路地通过高压开关向外配电。这样的好处是，每一个配电支路既可以由它的左侧干线取电源，又可以由它右侧干线取电源。当左侧干线出了故障，它就从右侧干线继续得到供电，而当右侧干线出了故障，它就从左侧干线继续得到供电。配电支线的供电可靠性得到提高，用于这种环形配电网的开关柜，简称环网柜。

2. 环网柜的分类

目前常用的 10kV 环网柜主要有 SF_6 负荷开关环网柜、真空负荷开关环网柜、真空断路器环网柜。

（1）SF$_6$负荷开关环网柜。SF$_6$环网柜是一种以SF$_6$负荷开关作为核心部件的气体绝缘中压电气组合设备，如图1-16所示。SF$_6$环网柜按组合方式可分为可扩展型及不可扩展型；按生产制造工艺的不同可分为共气室式（又名充气柜或SF$_6$全绝缘柜）及单独间隔式。

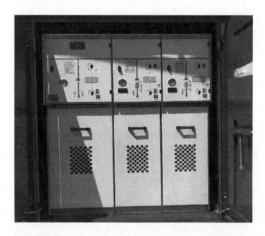

图1-16 SF$_6$负荷开关环网柜示意图

（2）真空负荷开关环网柜。真空负荷开关环网柜是在20世纪90年代中后期发展起来的。真空负荷开关是在真空断路器基础上开发的开关设备，也是目前10kV配电网中常用的设备。该种开关柜的特点是开关无油化、使用寿命长、开关触点免维护、操作安全方便等。

三、电缆分接箱概述

1. 电缆分接箱的介绍

电缆分接箱是一种用来对电缆线路实施分接、分支、接续及转换电路的设备，多数用于户外。

电缆分接箱按其电气构成分为两大类：一类是不含任何开关设备的，箱体内仅有对电缆端头进行处理和连接的附件，结构比较简单，体积较小，功能较单一，可称为普通分接箱；另一类是箱内不但有普通分接箱的附件，还含有一台或多台开关设备，其结构较为复杂，体积较大，连接器件多，制造技术难度大，造价高，可称为高级分接箱。

2. 电缆分接箱的类型

（1）普通分接箱。普通分接箱内没有开关设备，进线与出线在电气上连接在一起，电位相同，适宜用于分接或分支接线。

（2）高级分接箱。高级分接箱内含有开关设备，比普通分接箱多了供电电路的控制、转换以及改变运行方式的作用。开关断口大致将电缆回路分隔为进线侧和出线侧，两侧电位可以不一样。

第三节　配电网二次系统

一、继电保护

1. 继电保护的作用

继电保护装置反映电力系统中电气元件发生故障或非正常运行状态，且动作于断路器跳闸或发出信号的一种自动装置，它的基本功能是：自动、迅速、有选择地将故障元件从电力系统中切除，使故障元件免于继续遭到破坏，保证其他无故障部分迅速恢复正常运行。

反映电气元件的不正常运行状态，并根据运行维护的条件，而动作于发出信号、减负荷或跳闸，此时一般不要求保护迅速动作，而是根据对电力系统及其元件的危害程度规定一定的延时，以免不必要的动作合由于干扰而引起的误动作。

2. 继电保护的基本要求

继电保护在技术上应满足 4 个基本要求，即选择性、速动性、灵敏性和可靠性。

（1）选择性。要求继电保护装置动作时，仅将故障元件从电力系统中切除，使停电范围尽量缩小，以保证系统中的无故障部分能继续安全运行。同时，必须考虑继电保护或断路器拒绝动作的可能性，因此需要考虑后备保护的问题，后备保护分远后备和近后备，在保护整定计算时，需考虑选择性。

（2）速动性。要求继电保护装置在发生故障时能迅速动作切除故障，以提高系统运行稳定性，减少用户在电压降低情况下的工作时间，降低故障元件的损坏程度。在保护选型和参数设定时，需考虑速动性。

（3）灵敏性。要求继电保护装置对其保护范围内发生的故障或不正常运行状态都能正确反应，通常用灵敏系统来衡量。在保护整定计算时，需考虑灵敏性，在某些时候选择性和灵敏性不可兼得，需根据实际情况有所取舍。

（4）可靠性。要求继电保护装置在规定的范围内发生了它应该动作的故障时能可靠动作，而在任何其他该保护不应该动作的情况下，应该不误动作。可靠性主要指保护装置本身的质量和运维水平而言，其又分为可靠不误动（安全性）和可靠不拒动（可信赖性），提升两者的措施常常是相互矛盾的，在保护选型时，需要根据实际运行情况有所取舍。

二、配电自动化

1. 自动化概述

配电网自动化系统是实现配电网运行监视和控制的自动化系统，具备配电SCADA、故障处理、分析应用及与相关应用系统互连等功能，主要由配电网自动化系统主站、配电网自动化系统子站（可选）、配电网自动化终端和通信网络等部分组成。

2. 馈线自动化（feeder automation，FA）

馈线自动化又称线路自动化或配电网自动化。按照国际电气电子工程师协会（IEEE）对配电自动化的定义，馈线自动化系统（feeder automation system，FAS）是对配电线路上的设备进行远方实时监视、协调及控制的一个集成系统。馈线自动化是配电自动化系统的重要组成部分，也是提高配电网供电可靠性的关键技术。馈线自动化系统通常是整个配电自动化系统的子系统，也可以作为一个独立的系统存在。我国许多城市的配电网自动化系统实际上是一个独立于调度自动化系统的馈线自动化系统。

三、配电网通信

配电通信网络分为骨干层和接入层，骨干层通信网络实现配电主站和配电子站之间的通信，采用光纤传输网方式。配电子站汇集的信息通过 IP 方式接入同步数字体系多业务传输平台通信网络。接入层网络实现配电子站与通信终端之间的通信。目前，35kV 及以上变电站基本建立了 SDH/MSTP 的电子骨干光纤通信网络，具备了向下延伸的网络基础。配电通信接入网一般可以采用多种通信手段相结合的方式进行构建，例如，光纤、无线专网和无线公网等，其比较常见的通信规约包括 IEC 60870-5-101、IEC 60870-5-104、DNP3.0 等。

第二章　配电网调控基础

第一节　配电网调控操作原则

一、配电网调控总体原则

遵循安全、优质、经济的原则，对配电网运行进行组织、指挥、指导、协调。保证配电网运行的连续、稳定及可靠供电，使电能质量符合国家规定的标准。

按照国家法律、法规及相关规定，依据有关规则、有关合同或者协议，实施"公开、公平、公正"调度。

合理使用发电、变电、配电、用电设备能力，实现优化调度，最大限度满足用户的用电需要。

二、配电网设备状态

配电网中，设备运行状态分为运行、热备用、冷备用、检修4种状态。

（1）运行状态是指断路器、隔离开关均在合闸位置的状态。

（2）热备用状态是指断路器在分闸位置、隔离开关处于合闸位置，断路器一经合闸设备即转入运行的状态。

（3）冷备用状态是指断路器、隔离开关均在分闸位置。

（4）检修状态是指断路器、隔离开关均在分闸位置，设备的接地开关处于合闸（或挂上接地线），并悬挂"设备检修，禁止合闸"的警示牌。

根据设备的不同，检修状态又可以分为开关检修和线路检修。

1）线路检修是指线路的断路器、母线（包括旁路母线）及线路隔离开关都在断开位置，如有线路电压互感器应将其隔离开关拉开或取下高低压熔丝。线路接地开关在合上位置（或装设接地线）。

2）开关检修是指断路器及其两侧隔离开关均拉开，开关操作回路熔丝取下，断路器两侧或一侧合上接地开关（或装设接地线）。

对于配电自动化设备，以 10kV 开关站为例，其自动化断路器的 6 种典型运行状态定义如下：

1）运行：一次设备断路器"合"位，断路器三遥功能投运状态。

2）热备用：一次设备断路器"分"位，断路器三遥功能投运状态。

3）运行非自动：一次设备断路器"合"位，断路器遥控功能退出状态。

4）热备用非自动：一次设备断路器"分"位，断路器遥控功能退出状态。

5）冷备用：一次设备断路器"分"位，隔离开关"分"位，断路器遥控功能退出状态。

6）检修：一次设备断路器"分"位，接地开关"合"位，断路器遥控功能退出状态。

三、配电网调控操作流程

电力系统中，凡并（接）入电网运行的发电厂和变电站，均应服从调度指挥，严肃调度纪律，由电力调度机构按相关合同或协议对其进行统一的调度管理。在调度管辖范围内的任何操作，均应按照值班调控员的操作指令执行，值班调控员是电网运行、操作和事故处理的统一指挥人，按照规程规定的调度管辖范围行使指挥权，并接受上级调度值班调控员的指挥。

有权接受调控员操作指令的对象包括调度管辖范围内的发电厂值长、发电厂值班员、变电站运维正值值班员、配电操作人员、用户变电站值班人员以及经各级供电公司批准的有关人员，其人员名单应由有关部门及时报调控备案。调度管辖范围内的联系对象在正式上岗前必须经过电力调控管理知识培训，考试合格后方可持证上岗。

值班调控员发布的配电网操作指令分为口头和书面两种形式。正常情况下，应由上一值通过系统或电话预先发布操作指令票，预发时应明确操作目的和内容，预告操作时间；在事故处理或紧急情况下，符合《电业安全工作规程》要求的单项操作可采用口头指令方式下达，但发令、受令双方均应做好记录。

值班调控员下达的操作任务分为综合操作、单项操作和逐项操作 3 种，其中综合操作指令指的是仅对一个单位下达的而不需要其他单位协同进行的综合操作指令，具体操作项目、顺序由现场运维人员按现场运行规程典型操作票拟写操作任务书；单项操作指令指的是仅对一个单位下达的单一操作指令；逐项操作指令指的是按操作任务顺序逐项下达，受令单位按指令的顺序逐项执行的操作指令。

值班调控员发布操作指令的规范和要点如下：

（1）值班调控员应根据调度典型操作任务发布操作指令，明确操作目的和要求，不论采用何种发令形式，都应使现场值班人员理解该项操作任务目的与要求，必要时提出注意事项。

（2）为了保证配电网操作的正确性，值班调控员对所有计划操作均应先拟写操作指令票，在进行调度联系和发布调度指令时，应做好记录及断路器（隔离开关）置位、挂摘牌等；事故处理时允许不拟写指令票。

（3）在发布和接受调度操作指令前，双方必须互报单位和姓名。

（4）严格执行发令、复诵、监护、录音、汇报和记录制度，并使用普通话、规范的调度术语和设备双重名称。

（5）发令和受令双方在每一步操作中均应明确发令时间和结束时间，发令时间是值班调控员正式发布操作指令的时间和依据，结束时间是现场接令人员向调度汇报操作执行完毕的汇报时间和根据；接令方未接到发令时间以及发令方未收到完成时间汇报时，均不得进行后续相关操作。

值班调控员发布操作许可令需遵循的规范和要点如下：

（1）值班调控员根据调度联系对象相关人员的操作要求，采用操作许可方式将属于调度管辖范围内的设备停（复）役操作，并对操作许可指令及设备状态正确性负责，不许可检修工作；检修工作由提出操作相关人员负责许可，并对检修工作内容正确性负责。

（2）值班调控员进行操作许可，仅需指明待操作设备的最终状态，待操作人员复诵正确后，发出许可时间。

（3）操作人员应根据值班调控员许可执行相应的操作，并对操作的正确性、工作的安全性负责。操作完毕后，操作人员向值班调控员汇报"××设备已改为××状态"，双方应做好记录及断路器（隔离开关）置位、挂牌等。现场运维人员完成安全措施后，自行许可检修工作，并对检修工作内容正确性负责。

（4）检修完毕后，运维人员以"××设备检修工作结束，××设备具备复役条件"的形式向值班调控员汇报，并申请操作许可复役操作。值班调控员确认检修工作已完毕且电网运行方式允许后，按照操作许可设备复役，并做好记录及断路器（隔离开关）置位、摘牌等。

（5）操作人员应根据值班调控员许可执行相应的操作，并对操作的正确性负责。

（6）在设备停复役操作过程中，如遇该设备异常，操作人员应立即汇报值班调控员，由值班调控员决定是否收回操作许可，或者改为指令操作。设备异常处理完毕后，操作人员经汇报后，可以继续完成操作。

如果配电网调度联系对象接令人认为所接受的调度指令不正确时，应立即向发布该调度指令的值班调控员报告提出并说明理由，由发令的值班调控员决定该调度指令的执行或者撤销；当值班调控员确认并重复该指令时，接令值班人员必须执行；如对值班调控员的指令不理解或有疑问时，必须询问清楚后再执行；如执行该指令确将危及人身、电网或设备安全时，受令人应拒绝执行，同时将拒绝执行的理由及修改建议上报给发令的调控员以及本单位直接领导；如有无故拖延、拒绝执行调度指令，破坏调度纪律，有意虚报或隐瞒情况的现象发生，将追究相关人员责任，严肃处理。

值班调控员发令及联系对象接令的流程如图 2-1 所示。

用户变压器（发电厂）、变电站现场值班人员应根据值班调控员发布的操作指令票，结合现场实际情况，按照有关程序规定负责填写具体的操作票，并对票中一次及二次部分操作内容和顺序的正确性负责。

值班调控员进行系统设备遥控操作和倒闸操作时应做到：

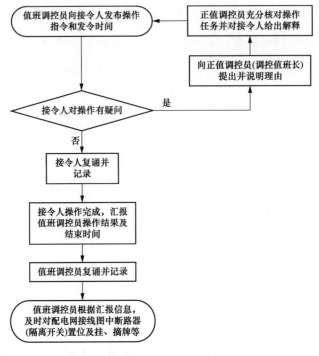

图 2-1 接、发令流程

（1）充分考虑对电网系统实际运行方式、潮流、电压、线路容量限额、主变压器中性点接地方式、继电保护及安全自动装置、一次相位的正确性、雷季运行方式等方面的影响。

（2）明确操作目的，严格遵守相关规章制度，认真执行操作监护制，考虑操作过程中的危险点预控措施，必要时做好事故预想或指出需要注意的事项。

（3）若操作指令对其他调度管辖的系统有影响时，应在发布操作指令前通知有关调控机构值班人员。

（4）原则上新建、扩建、改建设备的投运，或检修后可能引起相序或相位错误的设备送电时，应核对相序、相位是否正确。

（5）在配电网调控操作过程中，值班调控员应根据现场汇报信息，及时对配电网接线图中断路器（隔离开关）置位及挂、摘牌等信息进行核对检查，确保设备状态与现场实际保持一致。

（6）复役操作前，值班调控员还应根据设备停役申请、新设备投运申请执行情况，完成配电网接线图调度审核更新。

可由值班副职调控员进行遥控操作的操作项目包括：

1）拉合断路器的单一操作。

2）调节有载调压变压器分接开关。

3）远方投切电容器、电抗器。

4）远方投切具备遥控条件的继电保护及安全自动装置软压板。

5）紧急情况下，根据调度指令进行断路器遥控操作。

在遥控操作结束后应判断遥控操作是否成功，一般情况下可通过在监控系统上检查遥信信号、遥测信号、状态指示，观察两个及以上指示同时发生对应变化后，才能确认该设备已操作成功；若调控员对遥控操作结果有疑问，应查明情况，必要时应通知现场运维人员核对设备状态。判断遥控操作是否成功的过程如图 2-2 所示。

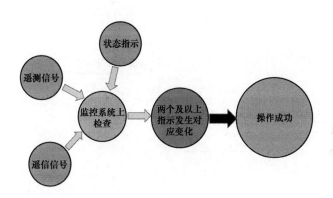

图 2-2　遥控操作判断过程

发生以下情况时不得进行遥控操作：

1）设备未通过遥控验收。

2）设备存在缺陷或异常不允许进行遥控操作时，如：控制回路故障、断路器或操动机构压力闭锁、操动机构电源异常或故障、操作断路器的监控信息与实际不符等。

3）设备正在进行检修时（遥控验收除外）。

4）自动化系统或通信系统异常影响设备遥控操作时。

5）有操作人员巡视或有人工作时。

调控值班员在遥控操作中监控系统发生异常或遥控失灵时应立即停止操作，涉及监控主站系统的缺陷应及时通知自动化值班人员协调处理，检查是否由于通信通道异常引起；对遥控失灵的情况，应通知运维人员到现场检查，调控值班员可在运维人员确认现场设备无异常后下令就地操作。遥控操作流程如图 2-3 所示。

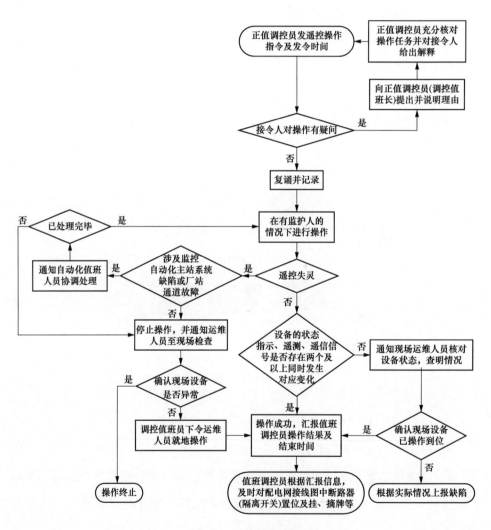

图 2-3 遥控操作流程

值班调控员在配电网进行正常的倒闸操作时，应尽可能避免在以下情况下进行：值班人员交接班时，电网接线极不正常时，电网高峰负荷时，雷雨、大风等恶劣气候时，联络线输送功率超过稳定限额时，电网发生事故时。条件允许时，一切重要供电区域的倒闸操作应尽可能安排在负荷低谷时进行，以减少对电网和用户用电的影响。

第二节　配电网基本操作

一、电网的并列和解列操作

电网的并列和解列操作应遵循以下原则：

（1）并列时，相序相同、频率相等、电压相等或偏差尽量小（事故时为了加速并列，允许频率差不超过 0.5Hz）。

（2）解列时，应先将解列点有功功率调整至零，电流调至最小，使解列后的两个电网频率、电压均在允许的范围内。

其中，变压器并列运行需要满足以下条件：

1）并列时，连接组别相同、电压比相同、短路电压相等（指铭牌值）；

2）电压比和短路电压不同的变压器通过计算，任一台变压器都不会过负荷情况下，可以并列运行。

二、系统的合解环操作

（1）合环操作必须相位相同，操作前应考虑合环点两侧的相角差和电压差，无电压相角差，电压差一般允许在 20% 以内，以确保合环时环路电流不超过继电保护、系统稳定和设备容量等方面的限额。对于比较复杂环网的合环操作应事先进行计算或试验（如：调控员潮流计算），以决定是否可行。

（2）涉及上级管辖或许可设备的合环操作，在操作前应经上级值班调控员的同意；当上级值班调控员得知系统发生故障造成下级管辖电网不满足合环条件时，应主动告知下级值班调控员。

（3）解环操作时，应先检查解环点的有功、无功潮流，确保解环后电网各部分电压在规定的范围内，以及各环节潮流的重新分布不超过继电保护、电网稳定和系统设备容量等方面的限额。

（4）如估计潮流较大，有可能引起过流动作时，合解环前可采取下列措施：

1）将可能动作的保护停用；

2）在预定解列的断路器设解列点，并通知运行值班员在现场注意潮流变化和保护动作情况；

3）合环开关两端电压差调至最小；

4）如果压差较大，估算环流较大时，可用改变系统参数来降低环流或同时采用上述办法。

三、断路器操作

（1）断路器可以分、合负荷电流和各种设备的充电电流以及额定遮断容量以内的故障电流。

（2）断路器合闸前应检查继电保护已按规定投入，断路器合闸后，应检查电流、有功、无功表计指示及指示灯是否正常。

（3）断路器使用自动重合闸，当超过断路器跳合闸次数时应停用该断路器的重合闸。

（4）断路器操作时，若远控失灵，应根据现场规定进行近控操作。

（5）当发现油断路器缺油、液压机构压力下降超过规定、空气开关的压缩空气压力不足，以及 SF_6 断路器气体压力下降超过规定时，现场应将该断路器改非自动，禁止用该断路器切断负荷电流，并尽快处理。

（6）10kV 柱上断路器只能进行在系统正常情况下的转移负荷和合解环操作，以及正常线路检修所需的停送电操作，其他情况下的操作一般需停电进行。若线路故障抢修后，工作负责人确认已无接地及短路故障，则可用柱上断路器直接对线路恢复送电，以提高供电可靠率。

四、隔离开关操作

（1）在电网无接地时拉、合电压互感器。

（2）无接地故障时，拉、合变压器中性点接地开关或消弧线圈。

（3）在无雷击时拉、合避雷器。

（4）拉、合 35kV 及以下母线的充电电流。

（5）拉、合电容电流不超过 5A 的空载线路。

五、线路操作

（1）线路停电时应注意如下事项：

1）正确选择解列点或解环点，并应考虑减少电网电压波动，调整潮流、稳定要求等；

2）对馈电线路一般先拉开受端断路器，再拉开送电端断路器，送电顺序相反；

3）对超长线路应防止线路端断开后，线路的充电功率引起发电机的自励磁。

（2）线路送电时应注意如下事项：

1）应避免由发电厂侧先送电。

2）充电断路器必须具备完整的继电保护（应有手动加速功能），并具有足够的灵敏度，同时必须考虑充电功率可能引起的电压波动或线路末端电压升高。

3）对超长线路进行送电时，应考虑线路充电功率可能使发电机产生自励磁，必要时应调整电压和采取防止自励磁的措施。

4）为防止因送电到故障线路而引起失稳，稳定规定有要求的线路先降低有关发电厂的有功功率。

5）充电端应有变压器中性点接地。

6）对末端接有变压器的长线路进行送电时，应考虑末端电压升高对变压器的影响，必要时应经过计算。

（3）线路停、送电操作，应考虑因机构失灵而引起非全相运行造成系统零序保护的误动作，正常操作必须采用三相联动方式。

（4）线路的停复役操作应包括其线路电压互感器在内，当线路电压互感器高压侧与线路之间有隔离开关时，则应由调控发令；若电压互感器高压侧与线路之间无隔离开关时（包括仅有高压熔丝），则由现场值班人员根据实际情况自行操作。对于装设在出线上的电容式电压互感器或耦合电容器的电压抽取装置，应视为线路电压互感器，此操作由现场变电运行值班员自行负责。

（5）对于线路改检修的操作，值班调控员只有在各侧均改为冷备用后，才可将各侧改为线路检修。对于不能确定冷备用状态的 10（20）kV 线路，应确认线路断路器（隔离开关）实际位置后再操作。

1）配电自动化开关的检修操作，值班调控员应充分考虑开关状态及来电可能，应将对侧断路器改为冷备用或热备用非自动（自动化功能闭锁）状态，方能将本侧断路器操作至检修状态，同时调控员应及时在配电网接线图上及时挂牌。线路停役过程中严禁线路一侧为热备用（自动化功能投入）状态，另一侧直接改到检修状态。工作结束后，设备运维人员应与值班调控员核对设备相关信息及自动化设备状态正常后，方可进行操作。线路复役过程中严禁线路一侧为检修状态，另一侧直接改到热备用（自动化功能投入）状态。

2）柱上断路器因无固定接地开关，且无法有效辨别电源侧或负荷侧，故不具备检修状态。断路器冷备用状态仅适用于带隔离开关的断路器；未装设隔离开关的断路器不具备冷备用和检修状态，一般采用拉开××断路器、合上××断路器的指令形式。拉开装设在线路上的第一个线路断路器，若断路器具备正常的负荷开断能力，原则上不需要变电站出线断路器配合改为热备用。

（6）对于备用线路一般应保持在充电运行状态，即电源侧断路器运行，负荷侧断路器热备用（负荷侧无断路器只有隔离开关时，隔离开关应拉开），对馈电线路停电操作时，严禁在公告时间之前发令操作；临时停电抢修，值班调控员停电前应通知重要用户，停电后应及时发布停电信息。

（7）有消弧线圈运行的配电网，当进行线路停役或复役操作时，应同时考虑消弧线圈分接头的调整操作（消弧线圈置"自动"位置除外）。

（8）新建、改建或检修后的线路第一次送电时，尽可能以额定电压对线路进行冲击合闸，并经核相正确后方可投入电网运行。

（9）对于线路带电作业，应在良好天气情况、正常运行方式或作必要的运行方式调整后进行，在系统运行方式比较薄弱的情况下、重要保供电及节日运行方式下，不宜进行带电作业。带电作业工作负责人在带电作业工作开始前，应与值班调控员联系。需要停用重合闸的作业和带电断、接引线应由值班调控员履行许可手续。能遥控操作时由值班调控员遥控操作，无法遥控时由值班调控员发令，变电运维人员现场操作。在下列情况下进行带电作业应停用重合闸，并不准强送电：

1）中性点有效接地系统中有可能引起单相接地的作业；

2）中性点非有效接地系统中有可能引起相间短路的作业；

3）直流线路中有可能引起单极接地或者极间短路的作业；

4）工作票签发人或工作负责人认为需停用重合闸或直流再启动保护的作业。

在带电作业过程中如设备突然停电，作业人员应视设备仍然带电，工作负责人应尽快与调度联系，值班调控员未与工作负责人取得联系前不得强送电。带电工作结束后应及时向值班调控员汇报。

六、核相操作

新设备或检修后相位可能变动的设备，投入运行时，应校验相序相同后才能进行同期并列，校核相位相同后，才能进行合环操作。

35、10（20）kV 线路或变压器核相：先进行同电源核相，后进行不同电源核相。

目前对 10kV 配电网线路的核相都是采用一次侧核相，这就往往使得在启动送电操作中增加操作的工作量，甚至人为地扩大了停电范围。采用环网柜二次侧核相则可以克服一次核相的上述缺点。利用单侧电源对需核相的环网柜送电，对环网柜各开关二次核相孔进行第一次核相，进一步检查其一、二次接线正确性。异侧电源供电，分别在环网柜相应进线开关二次核相孔进行核相，以确定两异侧电源同相。

单侧电源对环网柜送电，利用环网柜二次核相孔进行核相而出现异常时，即不符合"同相电压差为零，异相电压差为 100V 左右"条件，则证明环网柜本体一次或二次接线有误。此时，应对环网柜本体的一、二次接线重新进行检查，改正后重核。

当异侧电源送电至环网柜相应开关线路侧（开关为断开状态），利用环网柜二次核相孔进行核相而出现异常时，则证明两异侧电源不同相。此时，需以其中一路进线作为基准，对另一进线电缆进行调相。

七、配电网设备操作的注意事项

1. 不得进行遥控操作的情况

（1）设备未通过遥控验收。

（2）设备存在缺陷或异常不允许进行遥控操作时；如：控制回路故障、断路器或操动机构压力闭锁、操动机构电源异常或故障、操作断路器的监控信息与实际不符等。

（3）设备正在进行检修时（遥控验收除外）。

（4）自动化系统或通信系统异常影响设备遥控操作时。

（5）有操作人员巡视或有人工作时。

2. 运行中的设备停电检修注意事项

（1）把各方面的电源完全断开（任何运行中的星形接线设备的中性点应视为带电设备），禁止在只经断路器断开电源的设备上工作。

（2）应拉开隔离开关，手车开关应拉至试验或检修位置，应使各方面有一个明显的断开点，若无法观察到停电设备的断开点，应有能够反映设备运行状态的电气和机械指示。

（3）与停电设备有关的变压器和电压互感器应将设备各侧断开，防止向停电设备反送电。

3. 应停用线路重合闸装置的情况

（1）线路带电作业有要求。

（2）不能满足重合闸要求的检测条件。

（3）断路器速断容量不允许重合。

（4）超过断路器跳合闸次数。

（5）重合闸装置不能正常工作。

（6）可能造成非同期合闸。

（7）其他应停用线路重合闸装置的情况。

第三章　配电网保护自动化配置

第一节　10kV 电缆线路配电网保护整定配置原则

我国 10kV 配电线路的保护，一般由电流速断、过电流及三相一次重合闸构成。由于配电网系统覆盖的区域较大、因各种特殊因素及运行环境复杂等，故障时有发生，一旦发生故障对电力系统的运行会产生重大影响。为确保配电网系统的正常运行，必须正确制定配电网继电保护策略。

一、基本原则

配电网保护的整定，应以保证电网安全稳定为根本目标，并满足速动性、灵敏性、选择性要求。在无法兼顾速动性、选择性和灵敏性要求时，应按照 DL/T 584—2017《3kV～110kV 电网继电保护装置运行整定规程》确定的原则合理地进行取舍。

配电网保护在满足选择性的前提下，应尽量加快动作时间和缩短时间级差。配电网保护时间级差原则上一般设置为 0.2～0.3s。

保护定值应在配电网线路的正常运行方式下进行合理设置，在配电网线路检修、环网操作、倒电后等非正常运行方式情况下，允许部分保护装置失去选择性。

二、专线用户保护整定原则

10kV 配电线路作为用户专线，线路通常较短，且用户配电容量较大，负载集中。在进行此类 10kV 配电线路的继电保护整定工作时，由于用户侧最大短路电流与变电站 10kV 母线短路电流相差不大，电流速断保护应将 10kV 配电线路作为接入供电变压器的末端线路来整定。此时，用户配电变压器一般都将电流速断保护作为主保护。因此，10kV 配电线路电流速断保护还应与用户配电变压器电流速断保护配合整定。

（一）专线用户高压配电房进线保护整定原则

一对一专线模式相关保护整定原则简图如图 3-1 所示。

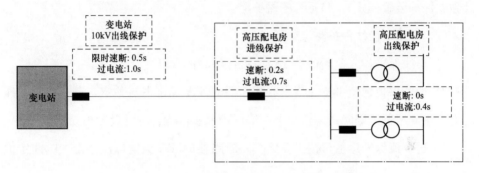

图 3-1　一对一专线模式相关保护整定原则简图

（1）专线用户高压配电房进线保护投入速断保护及过电流保护功能。

（2）速断保护定值一般取 2.5～3 倍过电流保护定值，时间定值与上一级保护灵敏段配合（可设置为 0.2s）。

（3）过流保护定值按躲过开关所带的总配电变压器额定容量整定（可靠系数：$K_k=1.15\sim1.25$；返回系数：$K_f=0.85\sim0.95$）；时间定值与上一级保护过流段配合（可设置为 0.7s）。

（二）专线用户高压配电房出线保护整定原则

（1）专线用户高压配电房出线保护投入速断保护及过流保护功能。

（2）速断保护定值一般取 2.5～3 倍过电流保护定值，时间定值与上一级保护速断段配合（可设置为 0s）。

（3）过电流保护定值按躲过断路器所带的配电变压器额定容量整定（可靠系数：$K_k=1.15\sim1.25$；返回系数：$K_f=0.85\sim0.95$）；时间定值与上一级保护过电流段配合（可设置为 0.4s）。

（三）共用专线用户模式相关保护整定原则

共用专线用户即10kV线路通过环网室（高压配电房）分出供几户专线用电。

1. 环网室保护整定原则

（1）环网室用于10kV电缆线路环进环出及分接负荷，环进及环出保护退出，出线保护配置限时速断和过电流保护功能（适合于环网室出线配置断路器及独立保护装置模式），与系统侧保护配合。

（2）环网室出线保护整定原则

1）出线保护投入速断保护，过电流保护功能（可选）。

2）速断保护定值可按3倍出线断路器的TA额定电流整定，若所接为高压配电专用变压器，则时间定值与上一级保护灵敏段配合（可设置为0.3s）。

3）过电流保护定值可按1.5倍线路断路器的TA额定电流整定，时间定值与上一级保护过电流段配合（可设置为0.7s）。

2. 高压配电房保护整定原则

共用专线模式相关保护整定原则简图如图3-2所示。

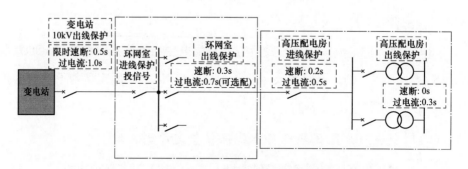

图3-2 共用专线模式相关保护整定原则简图

（1）高压配电房进线保护整定原则。

1）高压配电房进线保护投入速断保护及过电流保护功能。

2）速断保护定值一般取2.5～3倍过电流保护定值，时间定值与上一级保护速断段配合（可设置为0.2s）。

3）过电流保护定值按躲过断路器所带的总配电变压器额定容量整定（可靠

系数：K_k＝1.15～1.25；返回系数：K_f＝0.85～0.95）；时间定值与上一级保护过电流段配合（可设置为 0.5s）。

（2）高压配电房出线保护整定原则。

1）高压配电房出线保护投入速断保护及过电流保护功能。

2）速断保护定值一般取 2.5～3 倍过电流保护定值，时间定值与上一级保护速断段配合（可设置为 0s）。

3）过电流保护定值按躲过断路器所带的配电变压器额定容量整定（可靠系数：K_k＝1.15～1.25；返回系数：K_f＝0.85～0.95）；时间定值与上一级保护过电流段配合（可设置为 0.3s）。

三、电缆环网模式保护整定原则

电缆环网典型模式可分为电缆环网"三双"接线、电缆双环网不带母联的接线、电缆双环网带母联的接线、电缆单环网接线。以双环网不带母联接线方式为例，其他接线方式整定原则和此接线方式相同。电缆环网（双环网不带母联）模式相关保护整定原则简图如图 3-3 所示。

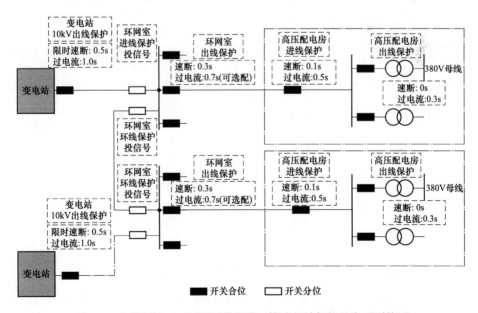

图 3-3　电缆环网（双环网不带母联）模式相关保护整定原则简图

（一）环网室保护整定原则

环网室用于 10kV 电缆线路环进环出及分接负荷，环进及环出保护退出，出线设置限时速断保护和过电流保护（适合于环网室出线配置断路器及独立保护装置模式），与系统侧保护配合。

环网室出线保护整定原则如下：

（1）出线保护投入速断保护，过电流保护功能（可选）。

（2）速断保护定值可按 3 倍出线断路器的 TA 额定电流整定；时间定值与上一级保护灵敏段配合（可设置为 0.3s）。

（3）过流保护定值可按 1.5 倍线路断路器的 TA 额定电流整定，时间定值与上一级保护过流段配合（可设置为 0.7s）。

（二）高压配电房保护整定原则

1. 高压配电房进线保护整定原则

（1）高压配电房进线保护投入速断保护及过电流保护功能。

（2）速断保护定值一般取 2.5～3 倍过电流保护定值，时间定值与上一级保护速断段配合（可设置为 0.1s）。

（3）过电流保护定值按躲过断路器所带的总配电变压器额定容量整定（可靠系数：$K_k = 1.15 \sim 1.25$；返回系数：$K_f = 0.85 \sim 0.95$）；时间定值与上一级保护过电流段配合（可设置为 0.5s）。

2. 高压配电房出线保护整定原则

（1）高压配电房出线保护投入速断保护及过电流保护功能。

（2）速断保护定值一般取 2.5～3 倍过电流保护定值，时间定值与上一级保护速断段配合（可设置为 0s）。

（3）过电流保护定值按躲过断路器所带的配电变压器额定容量整定（可靠系数：$K_k = 1.15 \sim 1.25$；返回系数：$K_f = 0.85 \sim 0.95$）；时间定值与上一级保护过电流段配合（可设置为 0.3s）。

第二节　10kV 架空混合线路配电自动化实施原则

一、总体原则

混合架空线路配电自动化宜以"故障区域精准隔离＋非故障区域快速恢复"为原则制定"正线"与"分线"差异化策略，从而实现"分线路故障不影响正线，正线自动恢复供电"的目标。主要原则如下：

（1）标准化接线的架空线路即为满足线路末端有效联络和标准接线改造标准的线路。尚未改造完成的均属于非标准接线架空线路。在进行自动化配置时，非标准接线架空线路的正线明确为线路首端至线路最长或挂接配电变压器数最多的末端联络点之间的线路，除此之外均按分线对待，一条线路只设置一条正线。

（2）架空线路配电自动化区分正线、分线，分线一律推行保护级差配合。正线区分标准接线和非标准接线，在标准接线的正线推行集中式 FA 或合闸速断，在非标准接线的正线推行级差配合。非标准接线通过末端有效联络和标准接线改造，最终实现集中式 FA 或合闸速断。

（3）考虑普通开关难以实现级差有效配合，正线、分线现有普通开关只作为分断设备使用，现有保护均应退出。分线尚未整线加装智能开关的，现有普通开关保护可保持原状。用户分界点的普通开关保护应投入。

（4）架空线路配电自动化通信方式以采用无线为主，光纤通信为辅，同一线路正线（含末端联络）只能采取一种通信方式。正线采用集中式 FA 或合闸速断主要取决于通信运营商 5G 信号覆盖和智能开关是否具备三遥功能，优先考虑5G 方式。

二、智能开关安装原则

在智能开关尚不充足情况下，智能开关应优先应用于分线，当分线已实现智能开关全覆盖且线路符合标准化接线的情况下，再推进智能开关正线覆盖。

结合线路标准化改造和线路检修时可考虑在正线分段和联络点处安装智能开关。

（一）分线智能开关

（1）分线挂接配电变压器数大于等于 5 台的，首端应安装智能开关，分线挂接配电变压器数大于 10 台的应安装二级分支智能开关，确保分线上每个分段挂接配电变压器数不大于 10 台。

（2）在智能开关实现挂接配电变压器数大于等于 5 台的分线首端覆盖的情况下，可逐步向挂接配电变压器数大于 3 台的分线覆盖。小于等于 3 台配电变压器的分线视同直接挂接正线，不考虑加装智能开关。

（二）正线智能开关

（1）线路为标准接线的，联络点处应安装智能开关，分段点处可全选用智能开关，也可智能开关与普通开关交叉安装。两台智能开关之间挂接配电变压器数不大于 20 台，不小于 5 台。线路首端原则上不新装智能开关。

（2）线路为非标准接线的，正线上可安装 1～2 台。线路挂接配电变压器数 50 台以下的，安装 1 台智能开关，安装位置应在线路挂接配电变压器数 1/2 左右处；线路挂接配电变压器数 50 台及以上的允许安装 2 台智能开关，安装位置应在挂接配电变压器数 1/3 和 2/3 左右处。

（3）智能开关选型应以线路为单位，标准网架正线可全线（含联络点）选用具备三遥的智能开关（5G）或具备二遥的智能开关（4G），不应两种技术交叉使用。分线优先考虑具备二遥的智能开关（4G）。非标准网架智能开关选型结合集中式 FA 或合闸速断技术路线选定一种技术方式。

三、故障指示器安装原则

（一）正线故障指示器

（1）所有线路首端（10 号杆之前）应安装故障指示器，若首端已覆盖智能开关，可不安装故障指示器。

（2）所有普通开关分段点处应安装故障指示器，根据现场情况，尽可能安装在开关小号侧。如正线相邻两套智能设备（包括智能开关和故障指示器）之间的 T 接点（分支或联络）大于 5 处的应加装故障指示器，确保正线两套智能设备之间的 T 接点不大于 5 处。

（二）分线故障指示器

分线挂接配电变压器数大于等于 3 台的，首端安装故障指示器，分线全线确保两套智能设备（智能开关、故障指示仪）之间的 T 接点不大于 5 处。分线下存在多级分线的，凡挂接配电变压器数大于等于 3 台且未安装智能开关的首端也应安装故障指示器。

四、智能开关保护整定原则

（一）通用原则

（1）根据现有智能开关保护实际测试结果，智能开关速断保护时间级差设置为 0.15s，整条线保护级差设置三级，可按照 0.05、0.2、0.35s 或者 0、0.15、0.3s 设定。

（2）保护整定原则优先满足分线故障隔离的保护级差配置，再考虑正线保护级差配置。线路符合标准接线且采用合闸速断或集中式 FA 的，正线智能开关保护投信号，分线可视情况按 1～3 级级差设置。线路属于非标准接线的，原则分线按 2 级级差设置，正线按 1 级保护级差设置；正线较短或者挂接配变数不多的，正线不配保护级差，分线按 3 级设置；对于正线线路长、挂接配电变压器数多，最多按 2 级设置，保留 1 级给分线。

（3）智能开关重合闸设置，未接小电源的线路智能开关重合闸时间按 3.5～6s 设置；接小电源的线路从小电源开始到电源侧或对侧联络线路电源侧的第一台智能开关重合闸时间应躲过小电源切除时间，按 10～20s 设置。仅单一配电变压器高压侧进线智能开关及投入集中式 FA、合闸速断功能的正线分段智能开关重合闸退出，其余智能开关重合闸均应投入。除检修工作需退出的重合闸硬压板外，所有智能开关重合闸硬压板都应投入，重合闸功能的投退通过软压板控制。

（4）正线智能开关保护接地功能均投信号，接地保护定值可按一次电流

20A 整定，电压波动率可按 30% 整定，动作时间可设置为 30~60s；挂接配电变压器不大于 10 台的分线智能开关保护接地功能可投跳闸，动作定值可按一次电流 20A 整定，电压波动率可按 30% 整定，动作时间可设置为 30~60s。

（5）保护定值应在配电网线路的正常运行方式下进行合理设置，在配电网线路检修、环网操作、倒电后等非正常运行方式情况下，允许部分保护装置失去选择性。

（6）用户侧保护配置应服从电网要求，保护定值应和整定单一致，确保用户内部故障不影响电网。

（二）非标准接线：正线级差＋分线级差整定

正线级差保护＋分线级差保护整定配置见表 3-1。正线级差保护＋分线级差保护整定原则如图 3-4 所示。

表 3-1 正线级差保护＋分线级差保护整定配置简表

序号	开关名称	速断定值（A）	速断时间（s）	过电流定值（A）	过电流时间（s）	重合闸时间（s）
1	正线分段开关	1200	0.35	900	0.8	3.5
2	一级分线首端开关	700	0.2	500	0.6	3.5
3	二级分线首端开关	500	0.05	400	0.4	3.5

1. 正线智能开关整定

（1）正线分段智能开关（安装位置在线路挂接配电变压器数 1/2 左右处）保护的速断时间定值按 0.35s 设置。

（2）线路挂接配电变压器数 50 台及以上，安装 2 台智能开关，安装位置应在挂接配电变压器数 1/3 处的智能开关速断保护时间定值按 0.35s 设置，在挂接配电变压器数 2/3 处的智能开关速断保护时间定值按 0.2s 设置。

2. 分线智能开关整定

一级分线首端开关速断保护时间定值按 0.2s 设置；二级分线首端开关及单一配电变压器开关速断保护时间定值按 0.05s 设置；正线第二台投保护的智能开关（时间定值设 0.2s）后段的分线开关速断保护时间定值按 0.05s 设置。

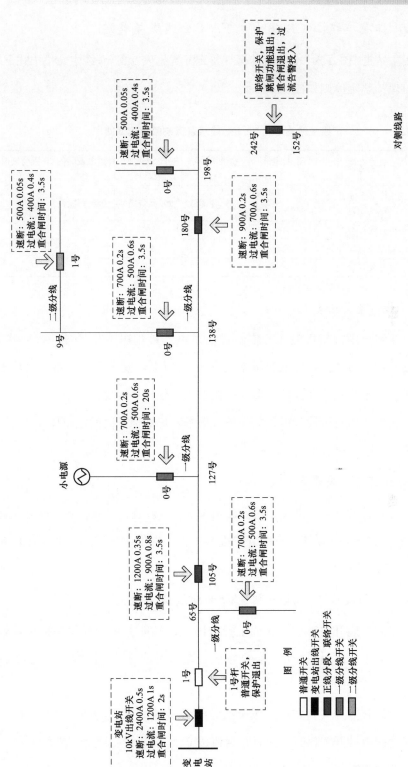

图 3-4 正线线差保护＋分线级差保护整定原则简图

（三）标准接线：正线集中式FA＋分线级差整定

正线主站集中式FA＋分线级差保护整定配置见表3-2。正线主站集中式FA＋分线级差保护整定原则如图3-5所示。

表3-2　　　　　正线主站集中式FA＋分线级差保护整定配置简表

序号	开关名称	速断定值（A）	速断时间（s）	过电流定值（A）	过电流时间（s）	重合闸时间（s）
1	正线全部智能开关（4G/5G）	1200（告警）	0.3（告警）	900（告警）	0.8（告警）	—
2	一级分线首端开关	700	0.35	500	0.8	4
3	二级分线首端开关	500	0.2	400	0.6	4
4	三级分线首端开关	400	0.05	300	0.4	4

1. 正线智能开关整定

（1）正线分段智能开关（安装位置在线路挂接配电变压器数1/2左右处）具备三遥功能。线路挂接配电变压器数50台及以上，安装2台具备三遥功能的智能开关，安装位置应在挂接配电变压器数1/3处和2/3处。

（2）正线上所有分段智能开关保护投信号，速断保护时间定值按0.3s设置，用于告警。

2. 分线智能开关整定

一级分线首端开关速断保护时间定值按0.35s设置；二级分线首端开关速断保护时间定值按0.2s设置；三级分线首端及单一配电变压器开关速断保护时间定值按0.05s设置。

（四）标准接线：正线合闸速断＋分线级差整定

（1）正线智能开关整定。正线上投合闸速断功能的智能开关保护正常处于信号状态，合于故障时保护短时自动投入。速断保护时间定值按0.3s设置，用于告警。

（2）分线智能开关整定。一级分线首端开关速断保护时间定值按0.35s设置；二级分线首端开关速断保护时间定值按0.2s设置；三级分线首端及单一配电变压器开关速断保护时间定值按0.05s设置。

第三节　配电网线路合闸速断技术

针对配电架空线路供电可靠性偏低，山区线路路途遥远、环境复杂，无法快速、有效的恢复供电，宜采用合闸速断型配电网自愈技术，即电压型保护。合闸速断主要是采用开关"失压分闸、来电延时重合闸"功能，与变电站开关重合闸相配合，以电压和时间为判据，依靠终端设备自身的动作逻辑，自动隔离故障，恢复非故障区间的供电。

一、合闸速断智能开关状态、操作以及保护配置

（一）合闸速断智能开关状态

终端硬压板投入如图 3-6 所示。

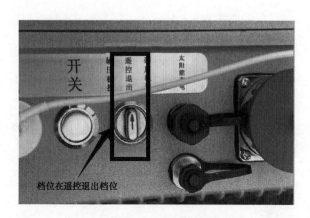

图 3-6　终端硬压板投入

（1）开关运行状态，合闸速断功能处于投入状态。该状态下操作杆处于"远程"位置、分合闸指示处于"合"位置、重合闸压板处于"投"位置、开关刀闸"合"位置、终端旋钮在"遥控退出"或"硬压板投入"位置，如图 3-7 所示。

（2）开关热备用状态，合闸速断功能处于投入状态。操作杆处于"远程"位置、分合闸指示处于"分"位置、重合闸处于"投"位置、开关刀闸"合"位置、终端旋钮在"遥控退出"或"硬压板投入"位置，如图 3-8 所示。

图 3-7　开关运行合闸速断投入状态

图 3-8　开关热备用合闸速断投入状态

（3）开关冷备用状态，合闸速断功能处于退出状态。操作杆处于"就地"位置或终端旋钮在"硬压板退出"位置、分合闸指示处于"分"位置、重合闸压板保持"投"、开关刀闸"分"位置，如图 3-9 所示。

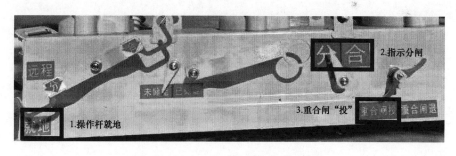

图 3-9　开关冷备用合闸速断退出状态

（4）注意要点。主线分段开关，一般只存在运行与冷备用状态。联络开关正常运行时处于热备用状态。

（二）智能开关的合闸速断功能投退操作

（1）合闸速断功能投入操作。将重合闸压板打在"投"位置，将终端旋钮打在"遥控退出"或"硬压板投入"位置，将操作杆打在"远程"位置，如图 3-10 所示。

图 3-10　合闸速断功能投入

（2）合闸速断功能退出操作。将终端旋钮打在"硬压板退出"位置或操作杆"就地"位置，如图 3-11 所示。

图 3-11　合闸速断功能退出

（3）无压分闸投入来压合闸退出操作。将重合闸压板打在"退"位置，将终端旋钮打在"遥控退出"或"硬压板投入"位置，将操作杆打在"远程"位置。

（4）注意要点。操作杆从"就地"变更至"远程"位置时，其对应的开关状态由冷备用改为热备用或运行状态，力度过大会改成运行，力度小可以改热备用，需注意操作力度，避免开关误合闸。

（三）合闸速断智能开关保护整定原则

（1）分段开关整定。速断门限值等于 1200A、保护时延 0.2s；过流门限值等于 600A、保护时延 0.5s；来压合闸延时 5s，退出过流保护延时 3s，失压分闸延时 1s。

（2）联络开关整定。速断门限值等于 1200A、保护时延 0.2s；过电流门限值等于 600A、保护时延 0.5s；退出过流保护延时 3s，单侧失压来电合闸延时设置（分段开关数×5＋20）s，如：线路上有 3 个分段智能开关，则时限设置（5×3＋20）s＝35s。联络开关速断门限值、过流门限值参照两侧线路门限值较小的进行设置。

（3）首端开关整定。速断门限值等于 1200A、保护时延 0.2s；过流门限值等于 600A、保护时延 0.5s；电源侧来压合闸延时 5s（非电源侧来压不会合闸），退出过流保护延时 3s，失压分闸延时 1s。

（4）投入合闸速断功能的开关压板投入设置：开关本体重合闸硬压板投入，系统馈线自动化功能软压板投入；开关过电流保护及重合闸软压板退出，同时联络开关要处于热备用状态（否则会导致开关自动合闸动作不成功）。

二、合闸速断智能开关动作逻辑

1. 时间逻辑设置

主线分段开关需设置 X（来压合闸延时）、Y（退出过电流保护延时）、Z 时限（失压分闸延时）三个时限。联络开关需设置 XL（单侧失压合闸延时）、Y（退出过流保护延时）时限。

2. 主要动作逻辑

（1）主线分段开关：开关检两侧无压，经 Z 时限后自动分闸。任意一侧来压后经 X 时限自动合闸，合闸后的 Y 时限内开放过电流保护，合闸于故障点的开关将保护分闸并进入闭锁状态，需要手动合闸并正常运行（10＋Z）s 时限后，才会重新启动功能。

（2）联络功能开关：正常时两侧有压，处于热备用状态。检测到单侧无压后，将经过 XL 时限后自动合闸，合闸后的 Y 时限内开放过电流保护，合闸于故障时将分闸并进入闭锁状态，需要手动合闸并正常运行（10＋Z）s 时限后，才会重新启动功能。

（3）首端分段开关：开关检两侧无压，经 Z 时限后自动分闸。原电源侧来压后经 X 时限自动合闸，合闸后的 Y 时限内开放过电流保护，合闸于故障点的开关将保护分闸并进入闭锁状态，需要手动合闸并正常运行（10＋Z）s 时限后，才会重新启动功能。

合闸速断仅需变电站开关一次重合闸，即可恢复线路正常运行，合闸速断动作示例如图 3-12，具体过程如下：

1）当主干线分段开关 B 与 C 之间发生永久性故障。

2）变电站出线开关 S1 保护跳闸。同时联络开关 D 单侧失压，进入 XL 时限延时合闸动作逻辑。

3）由于线路失电，分段开关 A、B、C 开关检双侧失压，经 Z 时限后自动分闸。

4）变电站出线开关 S1 经站内重合闸延时后合闸，分段开关 A、B 依次检测到线路有压，经 X 时限后合闸，合闸后的 Y 时限内开放本开关瞬时过流保护。

5）当分段开关 B 合闸时，由于重合于故障，分段开关 B 在 Y 时限内瞬时过流保护动作，再次跳开本开关。分段开关 C 由于检测到开关 B 合闸时的瞬时残压将闭锁本开关合闸。

6）经过 XL 时限后，联络开关延时合闸，恢复非故障区域供电。

三、各场景下合闸速断智能开关动作和操作

（一）故障情况下的动作

1. 短路故障合闸速断智能开关动作

（1）永久短路故障下，第一阶段变电站开关跳闸，合闸速断开关全部"无压分闸"；第二阶段变电站开关重合成功，合闸速断开关依次"来压合闸"，故障点前开关检测合闸时合到故障点，加速跳闸，故障点后开关检测到残压，残压闭锁在分闸位置；第三阶段联络开关一侧检测到无压，自动合闸调电。

（2）瞬时故障下，第一阶段变电站开关跳闸，合闸速断开关全部"无压分

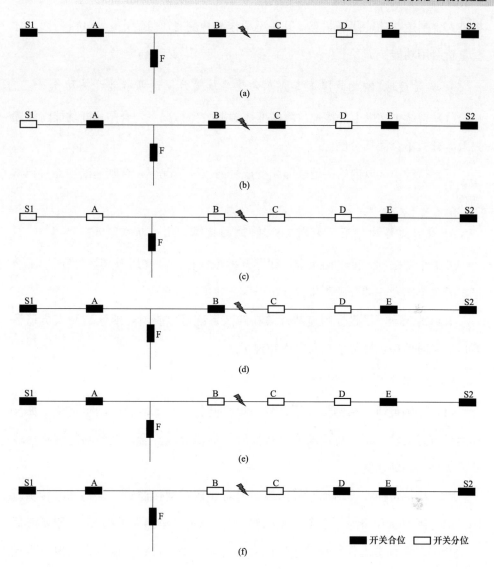

图 3-12　合闸速断动作示例

（a）永久性故障；（b）变电站出线保护运作跳开 S1；（c）A、B、C 失压分闸；

（d）S1 重合闸，A、B 检测有压合闸；（e）B 重合于故障分闸，C 残压闭锁合闸；（f）联络开关 D 合闸

闸"；第二阶段变电站开关重合成功，合闸速断开关依次"来压合闸"，全线送电。

2. 接地（缺相）故障合闸速断智能开关动作

接地故障下，当开关检测到零序电压持续 10s，主线分段开关及联络开关都

将进入合闸速断功能闭锁状态，开关不动作需两侧有压且稳定运行10s时限，才会重新启用功能。

3. 瞬时接地/缺相故障演变为永久短路故障合闸速断智能开关动作

（1）持续10s以上的接地故障演变成短路故障情况下，合闸速断功能将闭锁失效，开关不会无压分闸。

（2）持续10s以内的接地故障演变成短路故障情况下，合闸速断功能将正常动作。

4. 瞬时短路故障演变为永久接地/缺相故障合闸速断智能开关动作

开关全部跳闸，变电站重合后线路开关依次检测"来压"，但"来压"不合格，开关会闭锁在"分闸"位置。

故障情况下，已投合闸速断开关在四区系统可以查看，四区监测人员请注意做好实时监控，并将信息及时告知现场。

（二）倒负荷下的操作

（1）热倒负荷，热倒情况下，若为短时调整，则不需要改动整定值。如长期运行方式变动，则需将新断开点智能开关的原分段点合闸速断功能调整为联络开关合闸速断功能。

（2）冷倒负荷，不增加额外措施，但需要核对动作逻辑。线路停电转供范围内的合闸速断开关都会先检无压分闸，联络开关检单侧无压经XL时限延时后自动合闸，随后主线分段开关将依次来压自动合闸。冷倒完成后，调控值班人员和供电所均要对开关的合闸情况进行确认，发现异常及时响应，现场处置时注意开关送电顺序。

（三）停电检修下的操作

（1）检修点位于分段开关之间。在完成热倒负荷后，检修点就近的分段开关合闸速断功能退出，如图3-13所示。

（2）检修点位于分段开关与联络开关之间。在完成热倒负荷后，检修点就近的分段开关合闸速断功能退出，联络开关直接改冷备用即可，如图3-14所示。

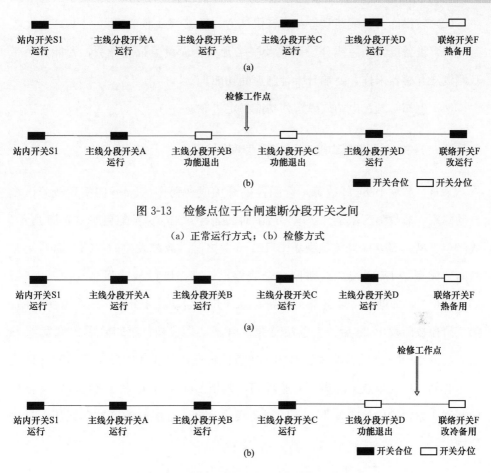

图 3-13　检修点位于合闸速断分段开关之间

(a) 正常运行方式；(b) 检修方式

图 3-14　检修点位于合闸速断分段开关之间

(a) 正常运行方式；(b) 检修方式

（四）带电作业下的操作

需提前将联络开关改冷备用状态，带电作业完成后及时恢复热备用（合闸速断功能运行）状态。

四、架空线路合闸速断功能部署条件

合闸速断应用与配电网基础密切相关，应符合一定的条件，才能在"安全、效率"的基础上发挥出最大功效。合闸速断功能部署应符合以下条件。

（1）网架结构：满足标准接线（合理分段、1～2 个联络点）。

（2）转供能力：线路具备互为转供能力，通过 N-1 校验。

（3）设备配置：主线分段开关及联络开关全面覆盖智能开关，智能开关带双侧电压互感器采样，终端升级合闸速断功能。

（4）电站管理：电站故障解列功能稳定可靠。

五、开关合闸速断功能应用的典型案例

某日，型塘 B784 线故障，合闸速断开关成功动作，1min 内实现故障区域自动隔离，非故障区域全部送电。故障时其运行方式与保护配置如图 3-15 所示。故障位于型塘 B1094 开关与型塘 B1124 开关之间。故障发生时，第一阶段短路故障造成型塘 B784 线总线跳闸，全线停电；第二阶段故障发生 1s 后，型塘 B1124 开关、型塘 B1094 开关、型塘 B1029 开关启动无压分闸，三台开关分闸；第三阶段故障发生 2s 后，变电站总线重合闸动作成功；第四阶段故障发生 7s 后，型塘 B1029 开关检测来压合闸；第五阶段故障发生 12s 后型塘 B1094 开关来压合闸，但故障点未隔离，加速跳闸，型塘 B1124 开关检测到残压闭锁在分闸状态；第六阶段故障发生 20s 后型谢联线 B1037 开关检测到左侧无压，自动合闸。

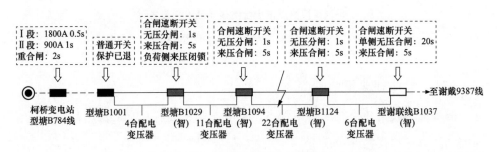

图 3-15 柯桥型塘 B784 线简图

第四章　配电自动化主站系统

配电自动化系统主站（OPEN5200 系统）作为配电网分析模型中心和运行数据中心，是配电自动化建设的重要组成部分，支撑着配电网调控运行、生产运维管理、状态检修、缺陷及隐患分析等业务开展，并为配电网规划建设提供数据支持。

第一节　系　统　架　构

面向全区配电网规模，根据统一规划、分步实施思想开展配电主站建设，支撑配电网调控运行、生产运维管理、状态检修、缺陷及隐患分析等业务，并为配电网规划建设提供数据支持。

一、软件架构

配电主站主要由计算机硬件、操作系统、支撑平台软件和配电网应用软件组成。其中，支撑平台包括系统信息交换总线和基础服务，配电网应用软件包括配电网运行监控与配电网运行状态管控两大类应用。配电自动化系统主站功能组成架构如图 4-1 所示。

系统由"一个支撑平台、两大应用"构成，应用主体为大运行与大检修，信息交换总线贯通生产控制大区与信息管理大区，与各业务系统交互所需数据，为"两个应用"提供数据与业务流程技术支持，"两个应用"分别服务于调度与运检。一个支撑平台，遵循标准性、开发性、扩展性、先进性、安全性等原则，构建标准的支撑平台，为系统各类应用的开发、运行和管理提供通用的技术支撑，提供统一的交换服务、模型管理、数据管理、图形管理，满足配电网调度各项实时、准实时和生产管理业务的需求，统一支撑配电网运行监控及配电网

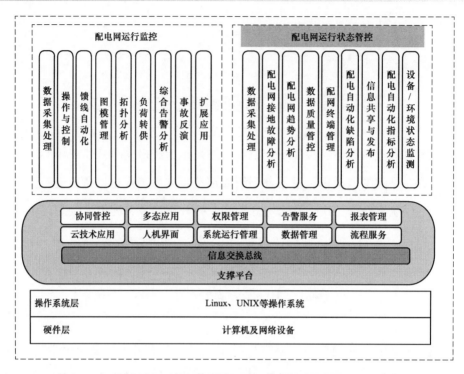

图 4-1　配电自动化系统主站功能组成架构

运行管理两个应用。两大应用，以统一支撑平台为基础，构建配电网运行监控和状态管控两个应用服务：配电运行监控应用部署在生产控制大区，并通过信息交换总线从管理信息大区调取所需实时数据、历史数据及分析结果；配电运行状态管控应用部署在管理信息大区，并通过信息交换总线接收从生产控制大区推送的实时数据及分析结果；生产控制大区与管理信息大区基于统一支撑平台，通过协同管控机制实现权限、责任区、告警定义等的分区维护、统一管理，并保证管理信息大区不向生产控制大区发送权限修改、遥控等操作性指令；外部系统通过信息交换总线与配电主站实现信息交互。

二、硬件架构

配电主站从应用分布上主要分为生产控制大区、安全接入区、管理信息大区等3个部分，典型硬件结构如图4-2所示。生产控制大区主要设备包括前置服务器、数据库服务器、SCADA/应用服务器、图模调试服务器、信息交换总线服

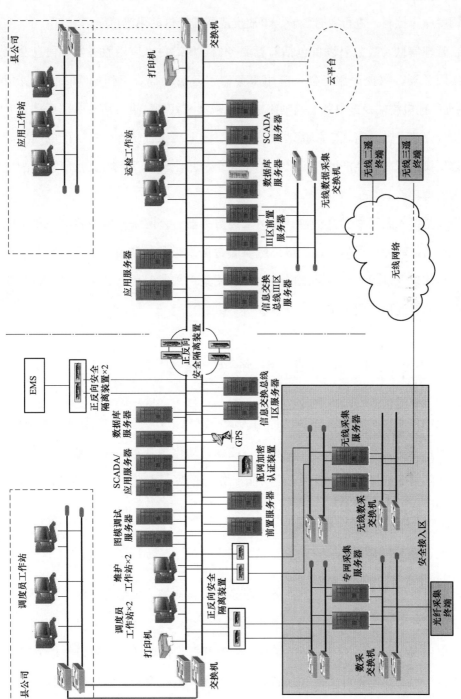

图 4-2　配电自动化系统主站硬件结构

务器、调度及维护工作站等，负责完成"三遥"配电终端数据采集与处理、实时调度操作控制，进行实时告警、事故反演及馈线自动化等功能。

管理信息大区主要设备包括前置服务器、SCADA/应用服务器、信息交换总线服务器、数据库服务器、应用服务器、运检及报表工作站等，负责完成"两遥"配电终端及配电状态监测终端数据采集与处理，进行历史数据库缓存并对接云存储平台，实现单相接地故障分析、配电网指标统计分析、配电网主动抢修支撑、配电网经济运行、配电自动化设备缺陷管理、模型/图形管理等配电运行管理功能。

安全接入大区主要设备包括专网采集服务器、公网采集服务器等，负责完成光纤通信和无线通信三遥配电终端实时数据采集与控制命令下发。配电网地县一体化建设过程中，地县配电终端将采用集中采集或分布式采集方式，并在县公司部署远程应用工作站。

第二节 系 统 基 础 功 能

配电自动化主站系统以调度部门为服务对象，分为基本功能与扩展功能。在实现"三遥"数据接入、控制操作、馈线自动化等基本功能基础上，可具体根据实际情况选择适合的扩展应用功能，切实解决一线人员工作中遇到的问题，提高配电网安全运行水平。

一、数据处理

配电数据采集。具备以下各类数据的采集和交换，包括但不限于：电力系统运行的实时量测，如一次设备（馈线段、母线、开关等）的有功、无功、电流、电压值以及等模拟量，开关位置、隔离开关、接地开关位置以及远方控制投退信号等其他各种开关量和多状态的数字量；电流保护、零序保护等二次设备数据；电网一次设备、二次设备状态信息数据；控制数据，包括受控设备的量测值、状态信号和闭锁信号等；配电终端上传的数据，包括实时数据、历史数据、故障录波、日志文件、配置参数等；卫星时钟、直流电源、UPS 或其他计算机系统传送来的数据及人工设定的数据；配电站房、配电电缆、架空线路、配电开关、配电变压器等设备电气、环境、通道等状态数据电量数据；广域分布式数据采集，支持数据采集应用分布在广域范围内的不同位置。通过统筹协调工作共同完成多区域一体化的数据采集任务并在全系统共享；大数据量采集，能满足大数据量采集的实时响应需要，支持数据采集负载均衡处理；支持 DL/T 634《远动设备及系统》标准（IEC 60870）的 104、101 通信规约或符合 DL/T 860《变电站通信网络和系统》标准（IEC 61850）的协议；具备错误检测功能，能对接收的数据进行错误条件检查并进行相应处理支持光纤、无线等通信方式。

配电数据处理。数据处理具备模拟量处理、状态量处理、非实测数据处理、数据质量码、平衡率计算、计算及统计等功能。模拟量处理，能处理一次设备（馈线段、母线、断路器等）的有功、无功、电流、电压值等模拟量。状态量处理，能处理包括断路器位置、隔离开关、接地开关位置、保护状态以及远方控制投退信号等其他各种信号量在内的状态量。非实测数据处理，非实测数据可由人工输入也可由计算得到，以质量码标注，并与实测数据具备相同的数据处理功能。数据质量码，对所有模拟量和状态量配置数据质量码，以反映数据的质量状况。图形界面应能根据数据质量码以相应的颜色显示数据。计算量的数据质量码由相关计算元素的质量码获得。支持统计计算，能根据调度运行的需要，对各类数据进行统计、具备灵活定制计算公式，提供统计结果。

配电数据记录。数据记录提供事件顺序记录、周期采样、变化存储功能。事件顺序记录（SOE），以毫秒级精度记录所有电网开关设备、继电保护信号的状态、动作顺序及动作时间，形成动作顺序表。SOE 记录括记录时间、动作时间、区域名、事件内容和设备名。根据事件类型、线路、设备类型、动作时间等条件对 SOE 记录分类检索、显示和打印输出。具备事件记录分类定义和显示能力。周期采样，对系统内所有实测数据和非实测数据进行周期采样。支持批量定义采样点及人工选择定义采样点，采样周期可选择。数据存储，能对系统内所有实测数据和非实测数据进行存储；支持批量定义存储点及人工选择定义存储点。能对终端上送的历史数据、故障录波、故障事件、终端日志进行存储。

二、操作与控制

配电自动化主站系统具备人工置数、标识牌操作、闭锁和解锁操作、远方控制与调节功能，有相应的权限控制。

人工置数，人工置数的数据类型包括状态量、模拟量、计算量；人工置数的数据应进行有效性检查。

标识牌操作，提供自定义标识牌功能，常用的标识牌应包括：禁止操作——禁止对具有该标识牌的设备进行操作；保持分闸/保持合闸——禁止对具有该标识牌的设备进行合闸/分闸操作；警告——某些警告信息应提供给调度员，提醒调度员在对具有该标识牌的设备执行控制操作时能够注意某些特殊的问题；接地——对于不具备接地开关的点挂接地线时，可在该点设置"接地"标识牌，系统在进行操作时将检查该标识牌；检修——处于"检修"标志下的设备，可进行试验操作，但不向调度员工作站报警。

闭锁和解锁操作，提供闭锁功能用于禁止对所选对象进行特定的处理，包括闭锁数据采集、告警处理和远方操作等。

远方控制与调节，控制与调节类型包括：开关的分合、投/切远方控制装置（就地或远方模式）、成组控制（可预定义控制序列，实际控制时可按预定义顺序执行或由调度员逐步执行，控制过程中每一步的校验、控制流程、操作记录等与单点控制采用同样的处理方式）。

防误闭锁，提供多种类型的远方控制自动防误闭锁功能，包括基于预定义规则的常规防误闭锁和基于拓扑分析的防误闭锁功能。

三、模型/图形管理

网络建模。支持图模库一体化建模，根据站所图、单线图等构成配电网络的图形和相应的模型数据，自动生成全网的静态网络拓扑模型。支持外部系统信息导入建模，从电网中台导入中压配电网模型，以及从电网调度控制系统导入上级电网模型，并实现主配电网的模型拼接。

支持全网模型拼接与抽取，支持主配电网模型拼接，主配电网间模型拼接宜以中压母线出线开关为边界；支持中压配电网多馈线之间的模型拼接，多条馈线间模型拼接宜以联络开关为边界；支持中低压配电网之间的模型拼接，中低压配电网模型拼接宜以配电变压器为边界；支持按区域、厂站、馈线和电压等级进行模型查询及抽取。

设备异动管理。满足对配电网动态变化管理的需要，反映配电网模型的动态变化过程，提供配电网各态模型的转换、比较、同步和维护功能。

第三节　系统高级应用功能

一、集中式馈线自动化（FA）

馈线自动化（FA）指的是配电主站系统依靠多种通信方式（光纤通信、载波通信、无线通信等），将配电终端（FTU、DTU 等）采集到的故障信号（一般是过流信号）收集起来，结合主站系统已经建立的拓扑模型进行分析，得到故障区域，而后下发遥控命令，将故障区域周围的开关控分以隔离故障，再对相应的联络开关控合以转移非故障失电区域的负荷。由于整个动作过程全部由主站控制，所以称为主站集中式。

馈线自动化主要完成的是馈线故障处理功能，包括故障分析、故障定位、故障隔离、非故障区域负荷转供等环节。本系统的馈线故障处理功能还具备离线、在线、仿真三种运行状态，支持故障的交互、自动两种处理方式，以及区域着色、历史查询等功能。

早期考虑到 FA 在主站系统中应用时效上的要求，一般都是在网架比较好、拓扑比较简单的双环网区域进行功能投入，对于拓扑比较复杂，分支较多的架空线路，因实时计算量庞大，系统算力有限一般不考虑集中式 FA，其应用举例如图 4-3 所示。

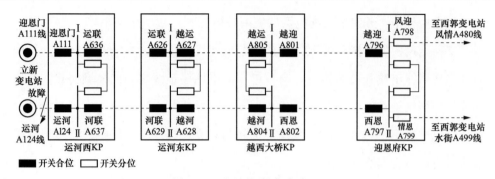

图 4-3　环网型已投集中式 FA

　　如图 4-4 所示，在立新变电站运河 A124 线出线电缆故障引起变电站总线运河 A124 间隔保护动作开关跳闸，全自动 FA 接收到保护动作和开关跳闸信息后，启动 FA 进行拓扑与线路上过流分析，分析结果为"未检查到线路开关过流告警"，因此故障研判结果：立新变电站运河 A124 线出线电缆故障；故障隔离：拉开运河西开关站运河 A124 开关；非故障区域恢复：合上迎恩府开关站情恩 A799 开关；全部处置过程系统自动在 3min 内完成。

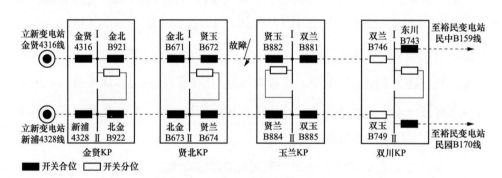

图 4-4　环网型已投集中式 FA

　　如图 4-5 所示，在贤北开关站Ⅰ段与玉兰开关站Ⅰ段间联络电缆故障引起变电站总线金贤 4316 间隔保护动作开关跳闸，全自动 FA 接收到保护动作和开关跳闸信息后，启动 FA 进行拓扑与线路上过电流分析，分析结果为"金贤开关站金贤 4316、金北 B921，贤北开关站金北 B671、贤玉 B672 有过电流"，因此故障研判结果：贤北开关站贤玉 B672 与玉兰开关站贤玉 B882 间电缆故障；故障隔离：拉开贤北开关站贤玉 B672、玉兰开关站贤玉 B882 开关；非故障区域恢复：上游合上立新变电站金贤 4316 线，下游合上双川开关站双兰 B746。

随着"量子＋通信""5G"等通信手段的应用，架空线路上"三遥"智能开关的覆盖程度的越来越高，因此为了解决系统算力不足所制约的架空线路 FA 功能投入，对原 FA 功能进行了改造升级，实现了基于正分线属性的单线 FA 功能，其实际应用举例如下。

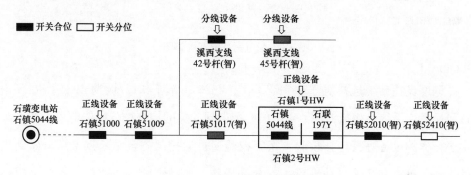

图 4-5　环网型已投集中式 FA 图

在图模维护时对设备的正分线属性进行维护，当遇到短路故障引起变电站总线跳闸时，系统只对正线设备上的拓扑和过流信息进行分析，分线设备不参与计算。若故障发生在分线上，比如溪西支线 42 号杆后，那么系统会判定故障位于石镇 51009 开关与石镇 51017 开关间，处置过程是拉开石镇 51009 开关、石镇 51017 开关，合上上游石璜变电站石镇 5044 开关，合上下游石镇 52410 开关。

二、程序化"晨操"

配电网自动化开关遥控"晨操"是每年县配调开展的常规工作之一，其目的是通过遥控合分试验提前发现并及时消除配电网自动化开关存在的缺陷，确保在故障发生时开关能实现"应动必动"，为配电网指挥长进行故障的快速处置提供坚强保障。在自动化程度越来越高的发展趋势下，每年所需晨操的量在成倍增长，所以按照传统的调度员开票、发令，监控员执行、汇报的模式很难保证年度任务的完成，同时也消耗大量的人力资源，因此在 I 区主站系统开发"程序化晨操"模块，实现系统自动完成对联络型"三遥"开关的晨操，无需开票、发令等环节，一组环网的晨操由原来需两个人配合 2h，到现在只需一个人 10min 内完成，效率提升在 90％以上，其应用实例如图 4-6 所示。

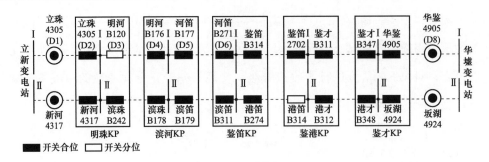

图 4-6 配电网环网型网架图

调度员在系统选择对立珠 4305/华鉴 4905—新河 4317/坂湖 4924 所在环进行晨操后，系统会生成对图 4-6 中所有配电网开关的控合控分操作清单，并清单中要操作的设备进行拓扑校验，拓扑校验通过后按照先合常断点最后分常断点的方式，对所有开关自动进行一次分合操作。当碰到控合失败后，系统会暂停操作，提示调度员需要现场人员介入，当碰到控分失败后，调度员可以选择跳过该步骤。

三、分布式电源就地消纳控制

当分布式电源具有充裕的发电能力，在不加干涉的情况下，分布式能源的全消纳有可能造成区域线路电压越限，潮流倒送等问题。在保证系统安全稳定运行的前提下，基于"局部平衡-分区协调-整体吸纳"的调度机制，考虑优先调度分布式电源作为负荷供电源，通过程序控制联络量子开关，改变分布式电源的上网线路，实现清洁能源最大限度就地消纳。含分布式电源单线简图如图 4-7 所示。

三江变电站兴滨 B616 线上有一家容量为 6MW 的光伏电站（滨海物流中心光伏电站），正常运行方式下其常断点在兴滨 B1054 开关，在非节假日或非夏季高温下能兴滨 B616 线就能实现就地消纳。但在节假日或夏季高温时，就会存在倒送现象。在发生倒送时，主站系统根据倒送功率的大小自动化调整运行方式，如一般倒送主站调整断开电在红海 B1001 开关，严重倒送将断开点调整在变电站红海 B640 线、三闸 B615 线、三平 B639 线变电站内。

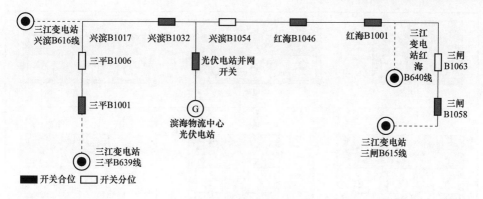

图 4-7　含分布式电源单线简图

四、区域内变电站负载均衡控制

根据线路上级电源点 110kV 主变压器负载情况，动态调整配电网线路开断点，转移部分负荷，平衡环网线路两侧上一级 110kV 主变压器的负载分布，实现主变压器负载平衡。系统实时计算区域内各主变压器的负载差值，超过设定的阈值（阈值可通过配置设置）则启动负荷转供算法。对环网线路进行智能分析计算生成最优运行方式策略方案，通过策略方案的执行，尽量实现各主变压器的负载均衡，即实现各主变压器的差额小于预设的阈值且尽量使差额更小。区域内所有主变压器负载的均衡，将充分挖掘现有设备潜能，节约投资。全域变电站图如图 4-8 所示。均衡控制逻辑图如图 4-9 所示。

五、配电网单相接地快速处置

在电力系统中为了工作和安全的需要，常需要将电力系统及其电气设备的某些部分和大地相连接。这就是接直接接地制式，即将变压器或发电机的中性点直接或通过小电阻与接地装置相连。这种接地制式的系统，当发生单相接地短路时，接地电流很大，所以又叫大电流接地制式。故电网正常运行时，接地存在较大危害，需快速有效定位接地点，保证电网正常、安全运行。在传统的接地故障处置中，是采用的试拉法，通过对变电站 10/20kV 母线下所有馈线进行逐一试拉，结合系统上传的接地信号有无复归来确认接地线路，但该方法会

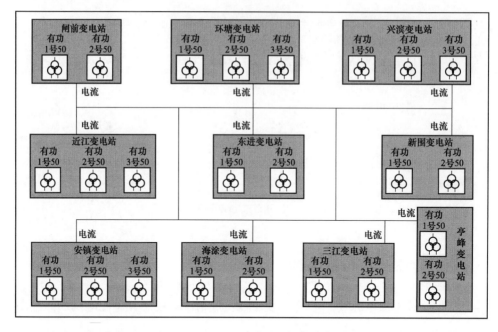

图 4-8 全域变电站图

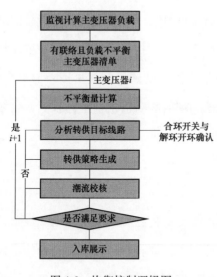

图 4-9 均衡控制逻辑图

造成非故障线路上的用户一次停电和故障线路上用户的多次停电，容易引发投诉，降低电网运行可靠性等后果。

随着配电网自动化水平的提升，调度员对自动化区域的接地故障处置现阶段采用的是通过小电流选线装置初步判断接地线路后，逐一远程遥控配电网线路上开关的合解环，结合接地信号的转移来确定接地故障范围。"配电网单相接地快速处置"功能模块就是将调度员人工遥控与判断该部分工作交由系统自动处理，其应用实例如下。

如图 4-10 所示，假设立新变电站 10kV Ⅰ段母线系统报接地，小电流选线装置初步判断立珠 4305 线接地，调度员选择对立珠 4305 线进行接地故障快速处置,系统第一步操作是:合上明珠开关站明河 B120 线,此时系统会提示"华墟变电站 10kV Ⅰ 段母线系统接地";第二步操作是:拉开立新变电站立珠 4305线,此时系统应报"立新变电站 10kV Ⅰ 段母线系统报接地复归",证明接地线路为立新变电站立珠 4305 线(若立新变电站接地信号不复归证明非立珠 4305 线故障);第三步操作是:合上立新变电站立珠 4305 线,拉开明珠开关站立珠4305,此时系统报"华墟变电站 10kV Ⅰ 段母线系统报接地复归、立新变电站10kV Ⅰ 段母线系统接地",因为此时立珠 4305 线的供电范围仅为出线电缆,系统给出研判结果"立珠 4305 线出线电缆故障",并给出拉开指令。

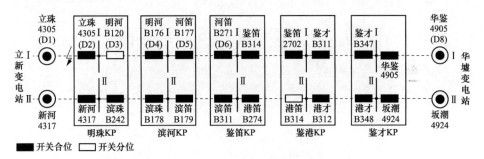

图 4-10　配电网环网型网架图

六、负荷自动全转供

随着电网的不断建设发展,变电站大修、技改项目逐渐增多。在这些项目的实施过程中,势必会造成变电站 10/20kV 侧配电网线路全停或部分停运,因此以变电站为单元依托新一代主站系统实现全停前一键负荷快速转移对减轻调度工作量,实现机器换人尤为重要。另外,在供电可靠性与智能化的驱动下,当变电站主变压器或 10/20kV 母线因故障全停时,在短时间内实现负荷的一键全转恢复,具有极大的社会效益和经济效益。

以三江变电站 10kV Ⅰ 段母线负荷转供为实例进行介绍。在上级电网故障导致三江变电站 10kV Ⅰ 段母线停电时,系统自动启动转供操作,整体过程分为 3步,第一步分析故障是否涉及 10kV 母线,第二步执行与上级电网的隔离,第三步执行包括转到对侧线路和倒送母线(若涉及母线故障,则倒送取消)以及超负荷专线用户切除。其处置的整个过程如图 4-11 所示。

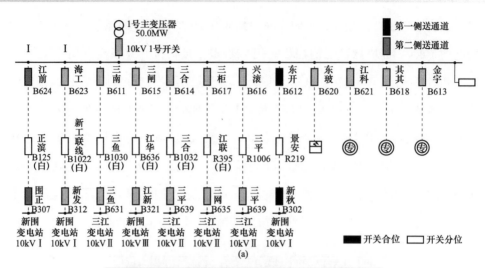

(a)

三江变电站Ⅰ段母线停电快速处置 经研判: 三江变电站Ⅰ段母线无故障且母分备自投停用/动作失败				
处置步骤	操作设备	操作情况	是否成功	操作说明
1	10kV1号开关	控分	是	隔离故障
2	东玻B620	控分	是	隔离用户电源
3	海工B623	控分	是	隔离
4	新工B1022	控合	是	转移负荷
5	三南B611	控分	是	隔离
6	三鱼B1030	控合	是	转移负荷
7	三闸B615	控分	是	隔离
8	江华B636	控合	是	转移负荷
9	三合B614	控分	是	隔离
10	三合B1032	控合	是	转移负荷
11	三柜B617	控分	是	隔离
12	江联R395	控合	是	转移负荷
13	江科B621	控分	是	切负荷
14	景安R219	控合	是	倒送母线
15	正滨B125	控合	是	热导合环
16	江前B624	控分	是	热导解环

(b)

图 4-11　三江变电站 10kV Ⅰ段母线负荷转供

（a）接线图；（b）处置过程

七、主配应急智能联动应用

在电网运行中，由于 110（35）kV 变电站高压侧停电导致 10kV 配电网侧大面积停电的事件时有发生。据了解，2022 年某供电公司一座 110kV 变电站全停后，用时超过 4h 才将全部配电网用户恢复，造成较大的社会影响。

长期以来，变电站的防全停手段都相对单一，10kV 侧技术措施还停留在依靠站内备用电源自动投入装置上。但当高压侧主备供电源同时停电无法短时间内恢复时，备用电源自动投入装置则无能为力，需要采用配电网人工倒负荷的方式恢复 10kV 母线电压和各条线路供电，处理时间较长，已远远不能满足电网发展对快速响应和可靠性的要求。

基于以上背景，主配应急智能联动应用应运而生。该功能将变电站保护逻辑与配电自动化主站控制策略相结合，在主网全停时，利用程序自动判断 10kV 母线是否故障，并采取配电网倒送或全停全转的模式，"秒级"恢复 10kV 母线及所带负荷，实现电网风险情况下的主配电网快速智能联动。

1. 系统功能

通过在现有配电自动化系统中建设主配电网应急智能联动高级应用，当主网故障导致 110（35）kV 变电站全停，或 110（35）kV 变电站中 10kV 母线失电时，该应用智能识别故障类型，实时计算待转负荷量，结合倒送通道限额，在全网范围内准确、自动、快速进行负荷转供、倒送。

其功能主要由采集模块、判断模块、计算模块、转供模块、倒送模块组成。采集模块，从变电站侧、配电网线路侧采集相应遥信遥测量，整理后发送给计算与判断模块。判断模块，根据采集模块提供的数据感应、判断主网的故障情况，将判断结果告知转供与倒送模块。计算模块，负责计算倒送通道是否超限额，若超限则提供需转供的线路清单，计算结果发送至转供与倒送模块。转供与倒送模块，根据判断与计算结果，自动完成转供与倒送操作。其功能原理如图 4-12 所示。

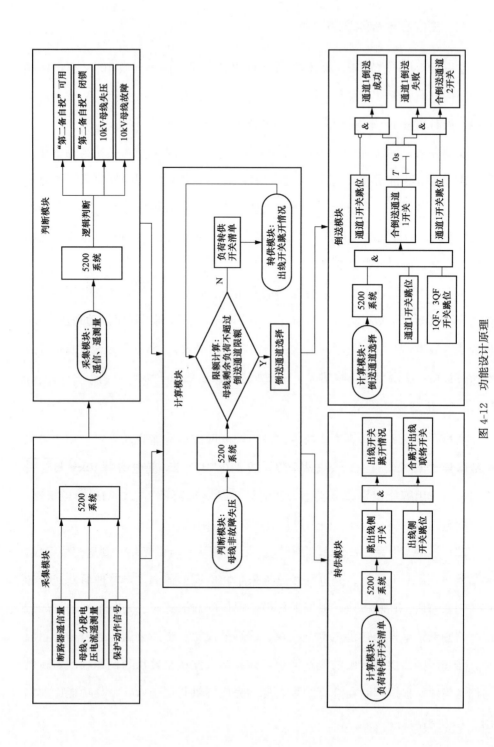

图 4-12 功能设计原理

其中，故障研判功能根据采集到的信息判断是否为变电站母线失电，母线失电的判断依据为：母线三相电压为零，同时母线上所联的主变压器低压开关与母分开关的电流绝对值的和为零。母线失电逻辑如图 4-13 所示。其中母线失电的原因可以分为以下 3 种：操作引起失电、母线故障引起失电、母线上级电源引起失电，其判断依据为：

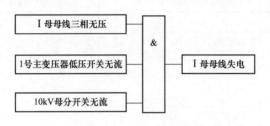

图 4-13　母线失电逻辑框图

（1）操作引起失电：当人工分闸母线上的主变压器低压开关或母分开关时，相应开关的手跳继电器（STJ）、合后继电器（KKJ）要动作。因此，判断模块判断出母线失电时，优先判断相应主变压器低压开关和母分开关 KKJ，若均置 0，则判断为操作引起母线失电，程序自动结束。若相应主变压器低压开关和母分开关无 KKJ 接入，则判断相应主变压器低压开关或母分开关 STJ 动作情况，若母线失电短时间内存在主变压器低压开关或母分开关 STJ 开入，则也判断为操作引起母线失电，程序自动结束，逻辑框图如图 4-14 和图 4-15 所示（以Ⅰ母失电为例）。

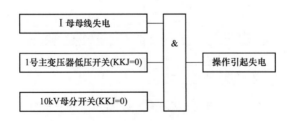

图 4-14　操作引起失电逻辑框图（接入 KKJ）

（2）母线故障引起失电：正常分列运行时母线故障，母线上所联的主变压器低压侧后备保护应动；当母分开关送母线时，母线故障，母分过电流保护动作。当判断母线失电时，并且相应主变压器低压侧后备保护或母分过电流保护动作，则为母线故障引起失电，则程序进入转供模块，逻辑框图如图 4-16 所示（以Ⅰ母失电为例）。

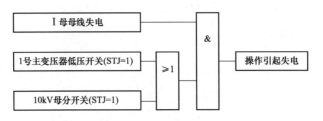

图 4-15　操作引起失电逻辑框图（未接入 KKJ）

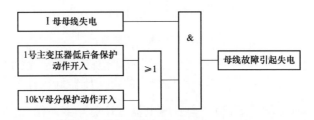

图 4-16　母线故障引起失电逻辑框图

（3）母线上级电源引起失电：除上述两种原因外，程序均判断为上级电源引起母线失电，对变电站主变压器低压开关和母分开关进行遥控隔离（转发遥控模式），待主网电源开关隔离完成后，程序进入计算及倒送环节，逻辑框图如图 4-17 所示（以Ⅰ母失电为例）。

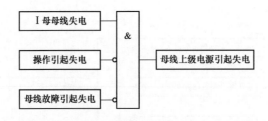

图 4-17　母线上级电源故障引起失电逻辑框图

2. 功能应用

主配应急智能联动应用程序控制界面如图 4-18 所示，其中主要包括故障研判区、倒送及转供方案生成区、倒送及转供执行区等几大板块。

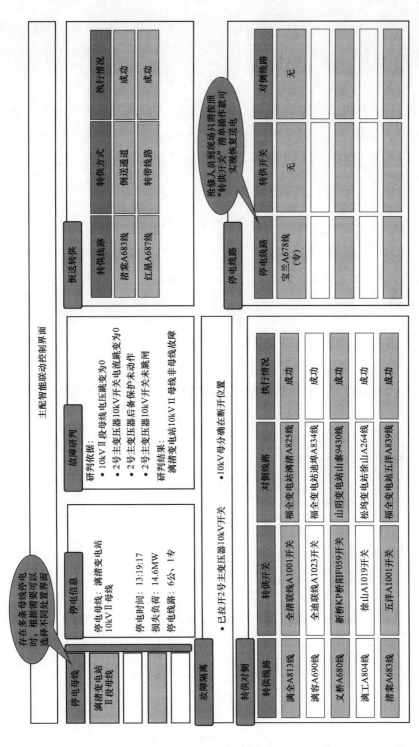

图 4-18　主配应急智能联动应用程序控制界面

在确定母线无故障后，对具备自动化转供条件的线路进行自动转供，对于无法转供线路，利用生命通道自动恢复 10kV 母线及相关负荷，实现配电网非故障区域的快速复电，若判为母线故障，则只进行负荷自动转供，不进行母线倒送。

程序分为半自动执行和自动执行两种模式。半自动执行模式需在程序启动并生成故障研判结果后，由调度员输入账号密码确认后方可执行倒送及转供方案；全自动执行模式无需调度员介入，由程序自动完成全部研判及操作。

第四节 安 全 防 护

根据国家发展改革委〔2014〕14 号令相关规定与 Q/GDW 1594—2014《国家电网公司管理系统安全防护技术要求》中三级系统安全防护要求，进行配电运行监控应用与配电运行状态管控应用的安全防护建设。配电主站涉及的边界包括：大区边界 B1、生产控制大区横向域边界 B2、生产控制大区与安全接入区边界 B3、信息内网与无线网络边界 B4。配电主站边界划分如图 4-19 所示。

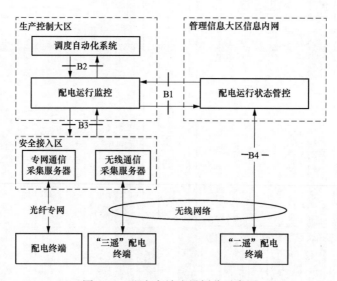

图 4-19 配电主站边界划分示意图

配电运行监控应用与配电运行状态管控应用之间为大区边界 B1，采用电力专用横向单向安全隔离装置。配电运行监控应用与本级调度自动化或其他电力监控系统之间为生产控制大区横向域边界 B2，采用电力专用横向单向安全隔离装置。针对配电终端接入设立安全接入区，生产控制大区与安全接入区边界 B3 应采用电力专用横向单向安全隔离装置。当配电终端采用无线网络接入配电运行状态管控应用时，信息内网与无线网络边界 B4 应采用安全加密认证措施，实现接入认证和数据传输加密，配电主站与配电终端之间的访问控制、安全数据交换、单向认证，以及遥控、参数配置、版本升级等关键和敏感信息的加密传输。

为保障配电主站与配电终端交互安全，采用如下措施进行安全防护：在配电运行监控前置服务器配置基于非对称密码算法的配电网加密认证装置，对控制命令和参数设置指令进行签名操作，实现子站/配电终端对配电主站的身份鉴别与报文完整性保护；对无线网络接入配电运行监控应用时，采用安全加密措施实现配电主站与配电终端之间的单向认证，以及遥控、参数配置、版本升级等关键和敏感信息的加密传输；对无线网络接入配电运行状态管控应用时，采用安全加密措施实现配电终端参数配置、版本升级等关键和敏感信息的加密传输。

配电终端和配电主站之间的认证采取国家主管部门认可的非对称密码算法，配电终端和配电主站之间关键和敏感信息的加密采取国家主管部门认可的对称密码算法。

第五节　发　展　远　景

结合配电自动化系统实际情况进行选择与增补，重点开展围绕分布式资源接入与调控的软件应用架构和应用功能设计，建成适应新型电力系统的新一代配电网自动化系统。

围绕源端承载大规模清洁能源接入、荷端多特性柔性负荷互动、网侧多目标优化的配电网优化运行需求，以及风险时有源区域快速互济和网络重构的配电网精准控制需求，源网荷储各主体聚合、协同的灵活互动需求，贯通用户、配电网、主网海量实时运行信息，在台区、网格、分区等逐级实现功率平衡，最大化消纳分布式能源和平抑电网峰谷，实现配电网的高效运行，促进分布式能源接入全消纳、能源应用经济低碳化，支撑碳市场交易。

一、新能源接入全景模型与感知

随着新能源和新技术的发展，一方面具有随机性、间歇性特点的可再生能源进入配电网，另一方面在负荷侧出现了可控负荷、微电网、储能、电动汽车充电站等柔性负荷，使得源网荷之间具备了能量双向流动的能力。为了在信息集成建模和交互技术层面上满足源荷与电网运行调度之间的互动需求，首先，遵循 IEC 61968/61970 模型标准，结合参与互动主体特性，明确互动主体建模扩展原则和方法。其次，运用信息模型构建思路，开展物理模型构建，实例化互动主体，支撑需求侧响应、多能互补、群调群控等业务需求。

1. 建模扩展原则

结合信息采集、融合原则及融合技术架构，应用 CIM 模型的扩展原则，在 IEC 61970/IEC 61968 的基础上，参考其他国际学术组织如 IEEE 和 DOE 等对配电生产信息模型的分析，对互动主体进行统一建模。在不改变原有模型的基础上，使扩展部分与 CIM 分开，便于各自的管理和更新。适当把握建模的粒度，进行一定的抽象和归类，以现有 CIM 为框架，将不同类别的属性分散到不同的包和类中，运用继承、关联、聚集等逻辑关系将之关联起来，形成有机的整体。

2. 分布式电源模型设计

公共信息模型（common information model，CIM）是一个抽象模型，它描述电力企业的所有主要对象，特别是那些与电力运行有关的对象。通过提供一种用对象类和属性及它们之间的关系来表示电力系统资源的标准方法，CIM 方便了实现多个独立开发的完整能量管理系统之间的集成，以及其他涉及电力系统运行的不同方面的系统。

对分布式电源进行建模主要包含类：发电机组类（generating unit）、电力电子元件（power electronics unit）。分布式电源模型属于电力生产模型，描述了各种类型发电机的类。这些类还提供生产费用信息，可以应用于在可调机组间经济地分配负荷以及计算备用容量。如图4-20所示，描述了分布式电源发电所需的相关类。采用信息模型方法构建的分布式电源的业务实体，可适用于多种分布式电源供电的业务场景中。例如，面向多类型能源的发电机组，可以业务实例化为水力发电机组、风力发电机组、太阳能发电机组、热力发电机组、电力市场发电机组、核电发电机组等模型；面向多维度的分析，可以通过发电机组操作时间、总有功功率曲线、发电机组运营成本等分析模型聚合，支撑分布式电源信息挖掘分析业务；面向不同类型的电力电子元件，可以业务实例化为电力电子风电发电单元、光伏单元、能量存储装置模型。

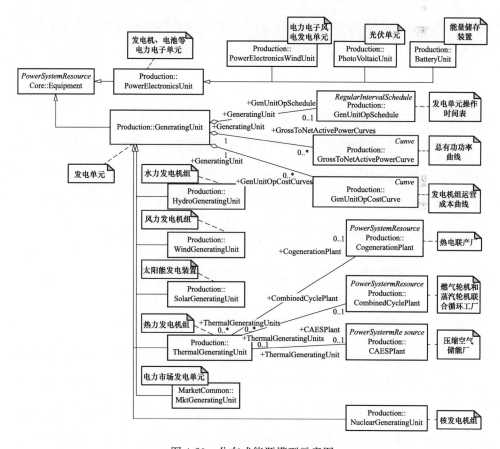

图 4-20　分布式能源模型示意图

二、考虑异常数据辨识的分布式电源预测

1. 异常数据识别与修正

数据传输保存过程中存在的不稳定可能导致的功率与负荷数据缺失、异常（死值、非常规值等）情况。从而影响预测模型的训练结果，进而影响预测精度。依据分布式新能源发电功率及用电负荷的规律性，可以将超出历史波动范围的数据视作异常数据，再通过数据合理范围计算进行日异常数据的剔除及点异常数据的修正。

2. 特征聚类

新能源发电功率受太阳辐射强度、温度、湿度等气象因素的直接影响，在同种气象类型具有相似的功率曲线，而负荷曲线与日天气状况与日类型有密切的关系。采样中心聚类算法可以降低异常数据对聚类结果的影响，提高聚类的准确度。

3. 自适应最优组合预测模型

针对不同预测对象在不同运行阶段的特征数据储备，建立不同的预测模型获得不同场景下各个单一预测模型的最优权重建立自适应最优组合预测模型。组合预测方法建立在最大信息利用的基础上，它最优组合了多种单一模型所包含信息，同时考虑了不同模型各自的优势，可以明显提高预测精度。

三、计及分布式新能源接入的风险分析方法

1. 多时间尺度混合量测的配电网三相状态估计

通过考虑配电网节点注入方程与相量量测的特性，引入中间变量和等式约束，建立了直角坐标系下二次方程形式的量测模型，并采用成熟的优化算法求解，以获得良好的估计精度和速度。将配电网三相状态估计问题描述为二次约束二次估计问题，实现了状态估计建模与算法实现的解耦。对不同的状态估计问题（如单、三相状态估计问题），均可以统一描述为二次约束二次估计模型，

并采用相同的方法求解。基于二次约束二次估计模型。

2. 配电网运行风险评估和薄弱点分析

基于静态安全分析的结果，通过灵敏度分析将越限因素转化为切机切负荷，并根据国网的评级方法进行风险定级，给出预想故障后的电网风险评级情况。

基于拓扑结构量化每条线路对配电网供电鲁棒性的影响程度，筛选停电后对供电鲁棒性影响较大的关键路径，给出电网运行的薄弱点。

四、主配协同的配电网无功优化技术

1. 配电网 AVC 建模

配电网无功优化又称为配电网最优无功调度，表述为在满足配电网潮流约束和电压约束的前提下，调节可调变压器分接头和可投切电容器，以达到改善配电网中各节点的电压水平和减少配电网网损的目的。由于配电网各种网络参数或控制变量有着自身的特点，如网络结构呈树状、支路 R/X 较大、一般为单电源供电等，因此配电网的无功优化有其独特的方法。

配电网无功优化的目标函数是多种多样的，除最小网损外，有最小运行费用、综合经济效益最大、电压水平最好、控制量的变化量最小、调节次数最少或投切次数最少、多目标整体最优等。本系统采用最小网损作为优化目标。

2. 含分布式电源的有源配电网电压控制策略

（1）分散式控制。分散式电压控制利用采集的本地信息，通过分别独立的调控检测点对电压进行控制，来提高配电网的整体运行情况。该方式的优点是控制响应速度快，投资成本低，但调压能力有限，可调节资源利用不充分。

（2）集中式电压控制。集中式协调电压控制方式，运用类似于主电网电压调控的方式，在配电网中进行全局调控进行电压集中式协调调控，将采集到的所有相关数据传输至控制中心，集中统一控制。控制中心根据配电网的各部分信息决定如何进行电压制动，进而通过集中协调来控制电压的功率。通过各设备节点传输过来的信息，进行协调控制各种类型的调压设备。根据配电网正常或故障的状态进行不同的决策，对于设备进行实时调控。集中式电压控制目标

是实现系统全局优化，可统一调配可控资源，但配电网的量测数据量大、通信负担重且投资成本较高。

（3）分布式控制。分布式电压控制，结合集中控制和分散控制来协调进行。分布式控制具有良好的自治性和适应性，相对于集中控制，系统投资少，通信数据量降低，能够充分发掘分布式电源系统的调压能力。策略主要由就地预防控制、分布式紧急控制和功率恢复控制 3 个部分构成。控制策略上体现了互动协调控制、具有较好的容错性能，也能适合配电网主站系统和发电企业管控权可能属于不同企业或者部门的特点。

五、考虑可调控资源聚合的虚拟电厂技术

1. 新能源与负荷预测技术

通过对历史气象及新能源发电功率数据进行异常数据识别、修正及相似日聚类等处理形成定期更新的动态历史数据集，建立自适应最优加权组合发电预测模型，实现短期及超短期发电功率预测。根据负荷特性、工作原理、环境影响构建数学模型，提出新的短期负荷预测方法，实现分布式能源安全运行预防性优化控制和负荷预测。

2. 大数据分析和存储技术

大数据技术具有容量大、多样性、价值高、速度快的特征，具备异常数据辨识、重复数据检测、快速存储管理、数据挖掘等能力。通过对海量数据的有效分析与存储，能够实现虚拟电厂的可靠性分析和异常事件快速发现等功能。

3. 云计算与边缘计算技术

大规模智能终端的异构连接和海量数据的接入，使得虚拟电厂运行管理产生了巨大的计算能力需求。云计算具有服务资源池化、可扩展性、可度量、高可靠性的特点，边缘计算可将计算量下移到网络边缘侧，提高实时性，两者配合可满足虚拟电厂计算能力的需求。

4. 物联网技术

物联网技术通过 RFID、红外感应器、GPS 等传感设备，通过 Lora、NB-IoT、

5G 等通信技术，把需要的设备与互联网连接起来，实现虚拟电厂的终端即插即用、拓扑自动识别等功能，和通信系统的带宽、实时性、可靠性、安全性等方面的要求。

5. 多代理技术

多代理系统是由多个智能体组成的系统，具有智能性、自主性、交互性、分布式计算的特点，形成由多个智能体协调合作解决问题的网络。他可实现虚拟电厂的分布式多层控制策略，实现各类型分布式资源与电网间的协调运行控制。

6. 多时间尺度调度控制优化技术

基于可再生能源预测技术，提出多时间尺度调度控制优化技术，分日前、日内、实时 3 个阶段实现优化调控，通过多时间尺度协调逐级消除可再生能源预测、负荷预测、随机波动造成的影响，维持电网的安全、经济运行。

六、无线+量子加密技术

目前，电力系统信息安全大多基于计算复杂度来保障敏感电网业务数据安全传输。随着计算能力的不断进步和各类密码破解算法的不断发展，特别是量子计算机的出现，经典密码体系被破解的风险与日俱增，需要在经典密码体系的基础上融入新的技术，增强安全防护能力。

量子密钥分发基于量子不可分割、不可克隆、不可测量等量子物理学基本特性，提供了一种新的方式来实现密钥共享，其安全性依赖于物理原理而不是传统的数学和计算复杂性理论，具备信息论上的安全性。

量子安全服务平台基于量子密钥分发和一次一密算法进行会话密钥的分发，从理论上讲，量子密钥分发和一次一密算法可以保证会话密钥的保密性，理论上具备信息论安全，可以为电网业务数据传输提供高安全的解决方案。

在生产控制大区侧，通过部署量子安全服务系统及量子安全网关，并融入生产控制大区，构建了无线公网电力遥控终端、云上应用至主站端的量子隧道，对通信通道进行量子加密，重点验证自动化主站对无线终端的协同控制能力。

密钥生成设备产生保护密钥和量子密钥，调度设备负责存储及管理。通过无线公网分发至量子网关和各类终端，为提高分发安全性，应使用现代密码体系，以"一次一密"的方式对量子密钥加密，经终端侧充注密钥解密后，得到量子密钥，用于数据传输通道加密。密文在量子网关侧进行解密，还原出明文。由此，现场终端与主站间暴露在公网中的信息通道区段已被量子隧道完全包覆，在遭受入侵后，通信双方能够第一时间发现和预警，并及时中断通信。

第五章　配电网事故处理和抢修指挥

第一节　配电网事故处理原则

一、配电网事故处理基本原则

配电网调控人员在进行事故处理时，应遵循以下总原则：

（1）尽速限制事故的发展，消除事故的根源，解除对人身和设备安全的威胁。

（2）尽可能保持正常设备的运行和重要用户及所（厂）用电的正常供电。

（3）尽速恢复已停电的用户供电，优先恢复重要用户供电。

（4）及时调整并恢复电网运行方式。

配电网是个复杂、多变的配电网络，且存在各种不可控因素，如天气、外力破坏、小动物破坏等。对于配电网相关工作人员，首先应该正确认识其客观规律，进行配电网科学管理，通过技术升级、自动化改造等手段，全面化信息化感知配电网故障异常。配电网运检单位应加强设备运维，利用人工巡视、红外测温、无人机巡视等多重手段加强设备状态监测，对于发现的设备缺陷进行及时消缺，消除安全隐患。当配电网发生故障时，配电网调控人员是负责配电网事故处理的主体，现场抢修人员、配电网监控人员、抢修指挥（95598）人员等应在调控员的统一协调指挥下开展故障查找和抢修，及时反馈自动化信息、现场巡视信息和事故处置进度等，确保事故处理流程高效运转。

二、配电网事故处置基本流程

1. 故障发生初期

故障发生后，值班调控员应在第一时间收集故障信息，立即通知变电运维、配电网运检等相关人员赶往现场，检查监控系统的各种遥测遥信信号、故障告警信息、事故停电信息等，在 5min 内判断基本故障情况。对于自动化区域，应在 10min 内判断故障区段并遥控进行故障隔离。对于非自动化区域，应在 15min 内判断详细故障情况并形成简要处置方案，结合现场人员汇报情况以及用户报修信息等进行分析处理，做到信息不漏判不误判，涉及上级调度机构分界点的设备，应立即汇报上级调度机构。

配调主要信息来源有：

（1）调度自动化、配电自动化、配电自动化Ⅳ区主站系统、监控辅助决策系统等技术支持系统各种遥测、遥信、故障告警信号。

（2）设备巡查人员现场情况汇报。

（3）配电网抢修指挥系统的信息反馈。

（4）用户用电信息反馈。

值班调控员在故障发生初期的首要任务是限制事故的发展，综合分析故障信息，明确故障元件，停电范围，继电保护及安全自动装置动作情况、事件等级、人员和设备的损伤、频率和电压的变化、现场天气、故障范围内是否存在地方电源，是否存在孤岛情况、负荷自动转供情况、相关设备是否过载、电能质量是否满足规定等，及时将故障情况告知配电运检人员，配电网抢修指挥人员、用电检查人员，指挥协调各单位统一进行故障处理。

2. 故障隔离阶段

值班调控员对已明确故障的设备（线路）进行故障隔离，现场危险区设好警戒线，并挂好标示牌。值班调控员在模拟屏上设置好标志牌。为故障受累停电的用户和设备恢复送电做准备。

为防止故障范围扩大，凡符合下列情况的操作，可由现场运维人员先自行处置后，立即向值班调控员简要报告，事后再作详细汇报。

（1）将对人身和设备安全有威胁的设备停电。

（2）将已损坏且停运的设备隔离。

（3）厂（站）用电全部或部分停电时，恢复其电源。

（4）在电力调度规程或其他现场规程中规定的情况。

3. 恢复供电阶段

配电网事故处理遵循先复电后抢修原则，即隔离故障后，尽快恢复无故障设备（线路）供电，对于满足试送条件的进行试送（试送前了解地方电源已解列、存在孤岛运行的应立即将地方电源解列），试送不成或不具备试送条件的，可以通过方式调整恢复用户供电（一、二级用户优先）。配电网故障处理调电过程中，应注意以下几点：

（1）对于线路合环调电，注意满足合环条件，必须保证合环点两侧相位相同，相角差、电压差在允许范围内，电压相角差一般不超过 20°，电压差一般在 20％以内。确保合环后潮流的变化不超过继电保护、设备容量等方面的限额，并考虑对侧带供线路保护的灵敏性。

（2）避免带供线路过长、负荷过重造成线路末端电压下降较大的情况。

（3）调电设备与故障区域隔离，防止调电造成故障范围扩大。

（4）避免形成电磁环网或多个变电站合环运行，合解环时应注意以下几点：

1）合解环操作需选择天气晴好条件下进行。

2）每次两条线路合环时间应尽量缩短，最长不得超过 15min。操作人员应安排两组进行，一组合环，一组解环，以缩短两条线路合环时间。

3）为防止因各种原因造成变压器近区短路，影响变电站主变压器的安全运行，合解环点应尽量远离变电站。

4）合解环点应使用断路器操作，断路器遮断容量应满足要求。

4. 故障抢修阶段

对于已隔离的故障点，设备班组应尽快制订故障抢修方案，提出工作所需安全措施。值班调控员审核安全措施正确无误后，协调各相关班组进行设备停役抢修操作，抢修完成后，尽快恢复电网正常运行方式，减少对电网运行可靠性的影响。

在故障查找和故障抢修过程中，调控员要及时进行停电时户数管控，当预计停电用户较多或故障时间较长时，应及时提醒设备班组启用发电车保供电，并督促相关单位生产领导到岗到位加快故障处置进度。

5. 事故分析总结阶段

故障处理人员要将事故信息、现场情况及处理过程做好记录并分析事故原因，形成事故分析报告，及时总结运行和管理不足，认真分析并制定相应的反事故措施。

6. 事故处置基本流程

配电网故障处置过程中，为提高信息传递和故障抢修指挥效率，可建立由配电网调度人员、配电网监控人员、各配电网设备单位管理技术人员等组成的微信群，利用微信、电话等方式开展故障抢修指挥。配电网异常事故处理流程如图 5-1 所示。

第二节　配电网异常事故处理流程及典型案例

一、变电站 10kV 出线跳闸事故

（一）变电站出线跳闸故障处理原则

（1）无论重合成功与否，均应告知巡线人员带电巡线，重合成功但负荷电流明显减小的，应告知巡线人员。

（2）装有重合闸并投入的终端线路，当开关跳闸重合失灵（拒动、未重合）时，可不经设备检查立即试送一次。

（3）装有重合闸的线路在重合失败时，原则上可以试送一次。但运检部门已明文规定不能试送的线路，不得试送。若线路有明显的故障现象，应查明原因后再考虑是否试送。

（4）重合闸停用的线路跳闸后，原则上不予试送，必要时请示单位分管领导。

（5）查到故障点，在消除故障或隔离故障点后，确认其余线路和变电设备无明显故障点后，可进行试送。

（6）全线巡查找不到明显故障点时，可进行全线试送或逐段试送，逐段试送时应合理分段，减少可能需要的试送次数，试送的线路断路器应本身良好并可保证操作安全，必要时可全由总线断路器进行逐段试送。

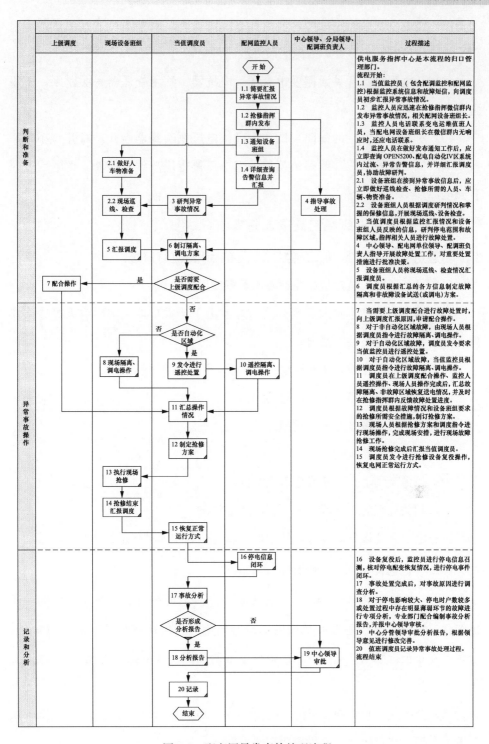

图 5-1　配电网异常事故处理流程

（7）经逐段试送确定故障区段后加以隔离检查，对电缆可通过测试绝缘电阻来摇绝缘检查是否良好，故障区段外线路恢复送电。

（8）全电缆线路开关跳闸及电容器、电抗器、站用变压器开关跳闸，不得强送。

（9）对并有小电厂的线路，试送需确认电厂侧断路器断开，对并有小电厂或供电厂保安电的线路，线路改检修处理电厂侧也应改线路检修，送电后及时告知电厂。

（二）变电站出线跳闸故障注意事项

当遇到下列情况时，值班调控员不允许对线路进行试送：

（1）设备运维人员汇报站内设备不具备试送条件。

（2）运维人员已汇报线路受外力破坏或由于严重自然灾害、山火等导致线路不具备恢复送电条件的情况。

（3）线路带电作业有明确要求：故障后未经联系不得试送。

（4）线路作业完毕恢复送电时跳闸。

（5）备用线路恢复送电时跳闸。

（6）全电缆线路跳闸。

（7）恶劣天气下，线路发生频繁跳闸。

（8）相关规程规定明确要求不得试送的情况。

试送电的开关设备要完好，并尽可能具有全线快速动作的继电保护功能。

（三）变电站出线跳闸故障处理流程

（1）变电站出线跳闸后，由监控人员发起故障处置流程，将跳闸时间、线路名称、重合情况、是否涉及保供电或重要用户、负荷变化情况等通过短信、照片等发布至抢修指挥微信群，汇报配电网调控值长（抢修指挥长），并通知变电运维人员。

（2）监控人员查询自动化主站过流信号、四区主站停电信息、故障指示仪告警情况等，并拍照上传至抢修指挥微信群。

（3）抢修指挥长根据监控汇报的信息，并结合95598故障报修、运维班组汇报的故障线索、保护动作情况、重合闸情况、计划检修工作情况等进行综合故障点判定，初步判断故障点并告知现场抢修人员。

（4）对于自动化区域故障，抢修指挥长可根据自动化信息指挥监控人员先行进行遥控隔离和试送，试送完成后将故障研判和处置情况发布至微信群并告知设备班组。对于 FA（馈线自动化）线路，待 FA 动作完成后，将 FA 动作情况发布至抢修指挥微信群并告知设备班组。

（5）对于非自动化区域故障，抢修指挥长应进一步查询各类遥测遥信信息，随时掌握现场人员反馈的最新信息，对故障点进行更加精确的研判，制订故障隔离和非故障区域调电方案，指挥现场人员尽快明确故障点，恢复非故障区域送电，减少故障停电时户数。

（6）当线路较长，巡线时间较慢，或巡线未发现明显故障点时，可按照原则进行总线试送或分段试送。试送和遥控前须告知相关巡线人员，无危险后执行。

（四）变电站出线跳闸故障典型案例

1. 自动化区域开关站下属支路故障导致总线跳闸

如图 5-2 所示，界树变电站美林 A014 线跳闸故障发生时，OPEN 5200 系统过流信息如下：安邦护卫开关站美林 A014 线、安邦护卫开关站邦成 A152 线、赞成美林开关站邦成 A239 线、赞成美林开关站 6 号和 8 号配电变压器 678A 线（支路）过流动作。

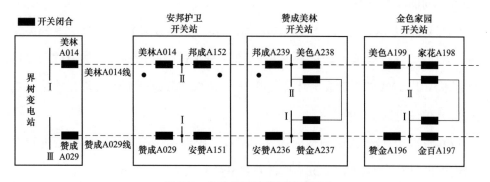

图 5-2　自动化区域典型接线图 1

故障研判：根据过流信息，抢修指挥长研判故障位于赞成美林开关站 6 号和 8 号配电变压器 678A 线后。

故障隔离及恢复送电：抢修指挥长指挥监控人员遥控拉开赞成美林开关站 6 号和 8 号配电变压器 678A 线进行隔离后，试送界树变美林 A014 线成功。

故障抢修：抢修人员到达现场后，将赞成美林开关站 6 号和 8 号配电变压器 678A 线改为检修后进行故障抢修，抢修完成后成功试送该支路。

2. 开关站间联络电缆故障导致总线跳闸

如图 5-3 所示，界树变美林 A014 线跳闸故障发生时，安邦护卫开关站美林 A014 线、安邦护卫开关站邦成 A152 线过电流动作，赞成美林、金色家园开关站进出线均无过电流动作信号。

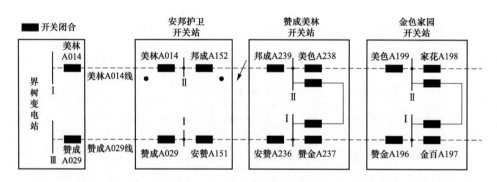

图 5-3　自动化区域典型接线图 2

故障研判：故障点位于安邦护卫开关站邦成 A152 线至赞成美林开关站邦成 A239 线间的联络电缆。

故障隔离及恢复送电：抢修指挥长指挥监控人员遥控拉开安邦护卫开关站邦成 A152 开关、赞成美林开关站邦成 A239 开关进行故障隔离，然后试送界树变美林 A014 线成功，赞成美林开关站 II 段母线负荷通过金色家园开关站家花 A198 开关调电成功。

故障抢修：抢修人员到达现场后，将故障电缆两端改为线路检修后进行电缆测试和抢修，抢修完成后成功试送并调电恢复正常运行方式。

3. 非自动化区域故障导致总线跳闸

新围变电站新闸 B310 线跳闸，配电自动化 IV 区系统显示多个故指告警，其中最末端动作故指位于 96 号杆，即志仁印染支路，如图 5-4 所示。

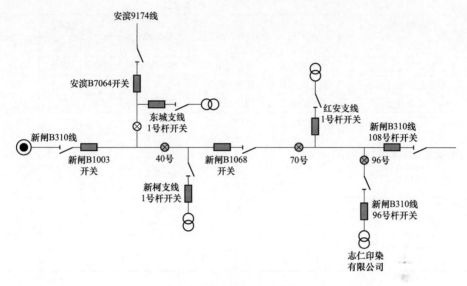

图 5-4　新闸 B310 线单线图

故障研判：抢修指挥长根据故障动作信息研判故障位于新闸 B310 线 96 号杆后段。

故障隔离和恢复送电：抢修指挥长指挥现场抢修人员将新闸 B310 线 96 号杆开关改为冷备用后，试送新围变电站新闸 B310 总线成功。

故障抢修：志仁印染有限公司用户进行故障抢修后，要求试送新闸 B310 线 96 号杆开关，抢修指挥长许可抢修人员试送成功。

二、变电站 10kV 母线单相接地故障

（一）母线接地的研判方法

D5000 系统母线接地告警可能有以下几种情况：电压互感器的高压熔丝熔断、电压互感器的低压熔丝熔断、单相接地、铁磁谐振、消弧线圈调挡接地、消弧线圈欠补偿致中性点位移。如表 5-1 所示，对不同类型故障的典型电压值进行比较。

表 5-1   **10kV 母线接地告警时的典型电压值比较**

故障性质	相别					
	A 对地	B 对地	C 对地	线电压		
				AB	BC	CA
C 相高压熔丝熔断	接近相电压	接近相电压	降低很多	正常	降低	降低
C 相低压熔丝熔断	接近相电压	接近相电压	0	正常	正常	正常
C 相接地	线电压 U_{a1}	线电压 U_{b1}	0	正常	U_{b1}	U_{a1}
消弧调档 C 相接地（参考）	6.70 5.52 5.54 6.45 5.70	7.70 7.74 7.81 8.35 7.70	4.08 5.13 5.44 4.23 5.10	正常	正常	正常
缺相（参考）	5.60 5.70	6.50 6.90	6.20 5.60	— 	— 	—
消弧线圈欠补偿 中性点位移（参考）	12.72	7.73	12.31	5.91	10.15	7.12

（1）母线接地：接地相电压降低或到零（正常约 6.0kV），其余相电压升高至线电压（约 10.0kV），并发母线接地信号，该信号为瞬时动作信号，复归时瞬时复归，无延时。

（2）电压互感器的低压熔丝单相熔断故障：故障相电压到零，其余相不变（正常约 6.0kV）。

（3）电压互感器的高压熔丝单相熔断故障：故障相电压下降较多，实际也有可能为 0，其余相不变（正常约 6.0kV）。

（4）铁磁谐振故障：同时一相，两相或三相电压超过线电压；或三相电压轮流升高超过线电压，同时有摆动，均属谐振。当小电流接地系统出现铁磁谐振时，同样也会发出"母线接地"信号。严禁拉开母线电压互感器的闸刀来消除谐振。

（二）单相接地故障处理原则

（1）当中性点不接地系统发生单相接地时，值班调控员应根据接地情况（接地母线、接地相、接地信号、电压水平等异常情况）及时处理。

（2）应尽快找到故障点，并设法排除、隔离。

（3）永久性单相接地允许继续运行，但一般不超过 2h。

（4）开关因故障跳闸重合或试送后，随即出现单相接地故障时，应立即将其拉开。

（三）单相接地故障选线方法

（1）接地选线指示：变电站安装接地选线装置的，应根据接地选线信息判断可能的接地线路。

（2）自动化区域短时合环法：对于自动化区域的线路，可以遥控操作合解环的，在没有明确接地选线指示的情况下，经配电网单位生产分管领导同意，可以通过遥控合解环的方式查找接地线路。

（3）接地试拉法：逐一对线路进行短时停电操作，以判断接地线路。适用于单条线路接地。

（4）试送电法：当接地试拉法无效时，将所有出线全部断开，然后逐条试送，在发现某条线路接地时断开，以找出所有接地线路或判断为母线范围故障。适用于母线及线路多点同名相接地。（在母线并列运行时，先转为分列运行，这样能保证尽量减少停电范围，检查站用变压器及把站用切换）

（四）单相接地故障选线步骤

配有完好接地选线装置的变电站，可根据其装置反映情况来确定接地点（线路），安装配电自动化系统的，可以通过系统上传的综合研判与线路上智能断路器与故障指示器相关信号进一步确证故障点（线路）。

配电网调度机构根据以下原则编制所辖变电站母线单相接地时的线路试拉序位表：

（1）可根据接地选线装置来确定接地线路。

（2）将电网分割为电气上互不相连的几部分。

（3）试拉空载线路和电容器。

（4）试拉线路长、分支多、负荷轻、历史故障多且不重要的线路。

（5）试拉分支少、负荷重的线路。

（6）试拉重要用户线路。在紧急情况下，重要用户来不及通知，可先试拉线路，事后通知相关单位。

（7）如试拉电源（厂）联络线时，电源（厂）侧开关应断开。

（五）单相接地故障时注意事项

（1）记录时间，结合母线电压及 $3U_0$ 确认接地，并判断接地相起始点数值与 TV 断线的区别。

（2）退出电容器运行，注意母线是否并列，站用电的自行倒换。

（3）停电过程接地信号消失，试送电（试送时，拉开线路时故障点没有消失，备用电源自动投入的闭锁连接片投入解除备用电源自动投入；如果多点接地故障，则逐条试送，如发现故障线路先断开然后继续试送下一条线路直至故障点消失；记录故障线路），母线失压时，接地信号必然消失。

（4）隔离故障点后（电容器组、站用变压器无故障）则要恢复电容器组及站用变压器。

（六）单相接地典型案例

110kV A 站接线图如图 5-5 所示。

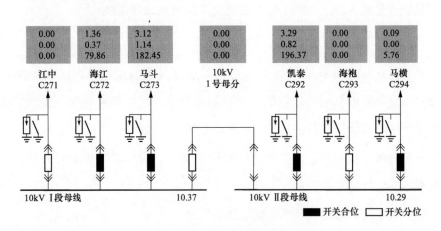

图 5-5　110kV A 站接线图

运行方式：10kV 两段母线分列运行，10kV Ⅰ段母线由 1 号主变压器供电，10kV Ⅱ段母线由 2 号主变压器供电，10kV 母分开关热备用。

事故现象：某日夜间 2：59，天气晴，A 站 10kVⅡ段母线接地，电压 $U_a=10.29$，$U_b=10.29$，$U_c=0.08$kV，$3U_0=98.8$V，无接地选线信息，无涉及保

供电和重要用户。故障点：马横 C394 线-江中 C271 线 4＋1 号杆支路故障（故障前 10kV Ⅰ段母线上的江中 C271 线负荷由马横 C394 线供）。

查找接地过程和故障处理过程：

（1）调控员查看监控系统信息，变电站小电流接地系统有无选线，询问 95598 系统，供电所有关人员无用户反映，通知运维人员到站检查站内设备。

（2）配电自动化Ⅳ区主站系统报江中 C271 线-江中 C1003 开关、马横 C294 线-马横 C1001 开关、马横 C294 线-横中连线 C1001 开关发生智能开关接地告警事件，无配变压器停电信息，如图 5-6 所示。

（3）经查询 OPEN5200 系统，望海 C287 线、马横 C294 线、海东 C299 线、马涂 C290 线具备遥控合环条件。经设备管理单位同意，采用合环方式进行接地线路查找。考虑到马横 C294 线上智能开关有接地告警，决定首先对马横 C294 线进行遥控合环。正常运行方式下，马横 C294 线带江中 C271 线运行，马海变电站江中 C271 线（Ⅰ段母线上）热备用状态。马横 C394 线、江中 C271 线单线图如图 5-7 和图 5-8 所示。

> 今天 03:01
>
> 【浙江电力】(事件) 绍兴本部：马横 C294 线-横中联线 C1001 开关(智)于(2022-05-03 02:59:10)发生智能开关接地告警事件,请悉并及时处理。[DAS] 订阅名称:A绍兴直属配调短信
>
> 【浙江电力】(事件) 绍兴本部：马横 C294 线-马横 C1001 开关(智)于(2022-05-03 02:59:17)发生智能开关接地告警事件,请知悉并及时处理。[DAS] 订阅名称:A绍兴直属配调短信
>
> 【浙江电力】(事件) 绍兴本部：江中 C271 线-江中 C1003 开关(智)于(2022-05-03 02:59:34)发生智能开关接地告警事件,请知悉并及时处理。[DAS] 订阅名称:A绍兴直属配调短信

图 5-6　配电自动化Ⅳ区主站系统接地告警短信

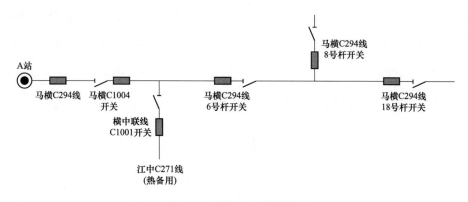

图 5-7　马横 C294 线单线图

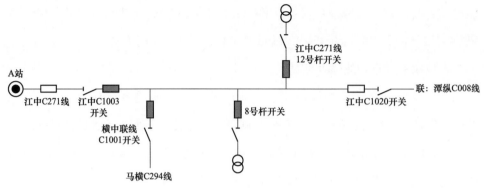

图 5-8 江中 C271 线单线图

（4）经遥控合解环，确认马横 C294 线接地，接地转移至马海变电站 I 段母线。又因为对配电自动化 IV 区主站系统进行查询发现，江中 C271 线 4＋1 号杆柱上智能开关零序电流有明显放大，因此要求现场抢修人员巡视无明显故障后，试拉江中 C271 线 4＋1 号杆开关。

（5）现场抢修人员试拉江中 C271 线 4＋1 号杆开关后，马海变压站 10kV II 段母线接地复归，确认故障点在江中 C271 线 4＋1 号杆支路。

三、配电网分支线故障

对于配电网分支线故障，由配电网监控人员在抢修指挥微信群内发起故障处置流程，将 D5000 的负荷信息、故障线路单线图、四区主站提供的故障指示器信息、智能开关告警信息、公专变压器实时召测信息等上传至微信群，抢修指挥长根据收集到的信息研判停电范围和故障大致区间，通知设备运维班组，制订故障区域隔离和调电方案。对于分支线故障，抢修指挥应结合馈线负荷和四区主站公专变压器召测，排除可能存在的信息误报。

四、变电站母线故障及失电处置

当母线发生故障停电后，副职调控员应立即报告正职调控员，并提供动作关键信息：是否同时有线路保护动作、是否有间隔开关位置指示仍在合闸位置。同时联系变电运维站（班）对停电母线进行外部检查，变电运维人员及时汇报值班调控员检查结果。

（一）母线故障类型及危险性分析

（1）母线故障可分为单相接地和相间短路故障。

（2）母线故障由于高电压、大电流可能造成设备损坏及母线全停事故，也能造成变电站全停电事故，对外少送电。

（二）母线故障的可能原因

（1）母线绝缘子绝缘损坏或发生闪络故障。

（2）母线上所接电压互感器故障。

（3）各出线电流互感器之间的断路器绝缘子发生闪络故障。

（4）连接在母线上的隔离开关绝缘损坏或发生闪络故障。

（5）母线避雷器、绝缘子等设备故障。

（6）误操作隔离开关引起母线故障。

（三）母线故障处置原则

（1）值班调控员要根据保护动作和安全自动装置动作情况，开关信号及现场运维人员汇报的事故现象（如火光、爆炸声音等）判断事故情况（母线本身故障，母线引出设备故障）。记录开关跳闸时间情况、保护动作信号。

（2）当母线故障停电后，现场运维人员应对停电母线进行外观检查，并把检查情况及时汇报调度，不允许对故障母线不经检查即送电，以防故障范围扩大。

（3）找出故障点并能迅速隔离，在隔离故障点后可对停电母线恢复送电。

（4）找到故障点不能隔离的，将该母线转为检修。

（5）若现场检查找不到明显的故障点，应根据母线保护回路有无异常情况、直流系统有无接地，判断是否保护误动引起，若系保护回路故障引起，应询问自动化班并向上级有关部门汇报。

（6）当 GIS 设备发生故障时，必须查明故障原因。在故障点进行隔离或修复后，才允许对 GIS 设备恢复送电。

（7）母线故障或失电后，应拉开连接在该母线上未跳闸的电容器、电抗器开关。

(8) 若母线失电不是本站设备故障引起的,应检查一、二次设备情况是否正常。如无异常情况应报告值班调控员,等待来电。

(四) 母线故障处置注意事项

1. 区别母线故障与母线失电

母线失电是指母线本身无故障而失去电源,一般是由于电网故障、继电保护误动或该母线上出线、变压器等运行设备故障,本身开关拒跳,而使连接在该母线上的所有电源越级跳闸所致,判别母线失电的依据是同时出现下列现象:

(1) 该母线的电压表指示消失。

(2) 该母线的各出线及变压器负荷消失(电流表等指示为零)。

(3) 该母线所供的所用(厂用)电失去。

2. 变电站高压侧母线失电时的注意事项

(1) 单电源变电站,原则上可不作任何操作,等待来电;但应向上级调度了解高压侧母线恢复的时间,如不能快速恢复,应考虑将主变压器低压侧开关拉开后,对低压侧母线负荷进行转供。

(2) 多电源变电站,为迅速恢复送电并防止非同期合闸,应拉开母联开关或母分开关并在每一组母线上保留一个电源开关,其他电源开关全部拉开(并列运行变压器中、低压侧应解列),等待来电。同时应向上级调度了解高压侧母线恢复的时间,如不能快速恢复,应考虑将主变压器低压侧开关拉开后,对低压侧母线负荷进行转供。

(3) 变电站中低压侧母线故障时,及时对停电线路负荷转供。

五、电压互感器异常或故障处置

(一) 电压互感器故障处置的原则

(1) 不得监控操作异常运行的电压互感器的高压隔离开关。

（2）异常运行的电压互感器高压闸刀可以远控操作时，应用高压闸刀进行隔离。

（3）不得将异常运行电压互感器的次级回路与正常运行电压互感器次级回路并列。

（4）母线电压互感器无法采用高压隔离开关进行隔离时，可用开关切断该电压互感器所在母线的电源，然后隔离故障电压互感器。

（5）线路电压互感器无法采用高压闸刀进行隔离时，直接用停役线路的方法隔离故障电压互感器。此时的线路停役操作，应正确选择解环端。

（二）电压互感器故障处理的注意事项

（1）应注意区分系统单相接地（中性点不接地系统）与电压互感器的高、低压熔丝熔断的区别：

1）单相接地时，接地光字牌亮，消弧线圈装置动作并报警"接地"，选线装置动作则发出选线信号，接地相电压降低，其余两相电压升高，金属性接地时，接地相电压为零，其余两相则为线电压，线电压不变。

2）母线电压互感器的高压熔丝熔断时，一相、二相或全部三相电压降低或接近零，其余相电压基本正常，线电压也可能降低。

3）单相接地或母线电压互感器的高压熔丝熔断时电压互感器二次开口绕组电压都增大，都可能发出接地信号，而电压互感器的低压熔丝熔断则不会。

4）还可通过测量电压互感器二次侧桩头电压来判断高、低压熔丝熔断，电压正常则为低压熔丝熔断或二次回路故障。

（2）电压互感器内部发生故障，常会引起火灾或爆炸。若发现电压互感器的高压侧绝缘有损坏（如冒烟或内部有严重放电声）的时候，应使用电源断路器将故障电压互感器切断，此时严禁用隔离开关断开故障的电压互感器。电压互感器回路上都不装开关。如直接用电源断路器切除故障就会直接影响用户供电，因此要根据现场实际情况进行处理。若时间允许先进行必要的倒母线操作，使拉开故障电压互感器设备时不致影响对用户供电。若电压互感器冒烟、着火，来不及进行倒母线时，应立即拉开该母线电源线断路器，然后拉开故障电压互感器的隔离开关隔离故障，再恢复母线运行。

（3）应将电压取自该电压互感器并可能造成误动或拒动的继电保护及自动装置停用，如距离保护、备用电源自动投入、电容器欠电压保护等。

（4）若有多台母线电压互感器，则检查熔断器熔断电压互感器二次回路良好后，将其切换到正常电压互感器二次供电，电压互感器改检修调换高压熔断器。

（5）不停电切换二次回路，一次侧母线需先行并列，防止电压互感器反向充电。一次侧母分并列操作可能形成电磁环网的操作前须经上级调度同意。

（三）电压互感器典型案例

B站（如图5-9所示）正常方式：110kV B1011 线带全站负荷，1、2 号主变压器并列运行负荷均匀分配，负载率均为 0.6，110kV B1012 线充电备用，本站配置未配置选线装置 10kV B101、B102、B103、B104、B106、B107、B108、B109 线路与他站 10kV 线路手拉手，10kV B105 线路与本站 B110 线路手拉手。线路全部满足转供能力，10kV 线路均实现智能化，为集中型设备。本站接地拉

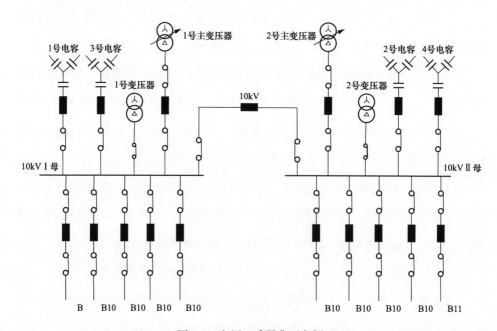

图 5-9　电压互感器典型案例

闸顺序为：B108，B105，B109，B101，B107，B102，B103，B107，B104，B106，B110。某日10：30，调控员发现B站10kV Ⅰ、Ⅱ段母线接地Ⅱ段母线三相电压 $U_a = 11.4kV$，$U_b = 11.2kV$，$U_c = 0.12kV$；10：32，10kV Ⅰ段母线三相电压变为 $U_a = 0.04kV$，$U_b = 0.00V$，$U_c = 0.12kV$，通过视频监控，发现110kV B站10kV Ⅰ段母线电压互感器间隔发现有烟雾。

1. 故障现象

根据10：30，110kV B站故障象征，可以明确判断为该站10kV系统发生C相金属性接地。10：32，10kV Ⅰ段母线三相电压变为 $U_a = 0.04kV$，$U_b = 0.00V$，$U_c = 0.12kV$。通过视频监控，发现110kV B站10kV Ⅰ段母线TV间隔发烟。可以研判出：因C相金属性接地；A、B相电压升高为线电压，造成Ⅰ段母线TV绝缘损坏并冒烟。应立即隔离Ⅰ段TV，避免Ⅰ段TV发生更严重故障（如绝缘击穿造成短路甚至爆炸，危及母线），扩大故障，损失更严重。

2. 调度处理过程

（1）立即拉开B站10kV母分开关和1号主变压器10kV开关，将10kV Ⅰ段母线TV脱离电源，避免10kV Ⅰ段母线TV发生更严重故障。拉开10kV Ⅰ段母线各出线开关。

（2）通知配抢人员故障情况、停电范围等。

（3）指令变电运维人员拉开10kV Ⅰ段母线TV插头，隔离10kV Ⅰ段母TV，恢复10kV Ⅰ段母线供电，切换电压二次回路，监视10kV Ⅰ段母线电压情况。

（4）按照接地拉闸逆顺序逐条送电，当送到某线路发生接地时，将其拉开，直到全部送电结束、确定接地故障线路。

（5）通知接地线路运维单位（或用户管理单位）带电巡线，确定故障点并处理。

（6）通知变电检修立即赶赴现场，进行故障抢修。

（7）汇报相关领导。

六、谐振过电压的处置

1. 谐振过电压的处置原则

当向接有电磁式电压互感器的空载母线或线路充电，产生铁磁谐振过电压，可按下述措施处置：

（1）切断充电开关，改变操作方式。

（2）投入母线上的线路。

（3）投入母分开关。

（4）投入母线上的备用变压器。

（5）对空母线充电前，可在母线电压互感器二次侧开口三角处接电阻。

由于操作或故障引起电网发生工频谐振过电压，按下述原则处置：

1）手动或自动投入专用消谐装置。

2）恢复原系统。

3）投入或切除空载线路。

4）改变运行方式。

5）必要时可拉停线路。

2. 谐振过电压处置典型案例

某日 10：25，110kV 变电站发生 10kV Ⅰ段母线谐振现象，$U_a=11.4$kV，$U_b=11.2$kV，$U_c=6.12$kV，$3U_0=120$V，变化幅度大。10：33，引起在Ⅰ段母线上运行的 1 号电容器开关保护出口动作，电压恢复正常，查阅视频监控，发现电容器室有烟雾。

关于谐振过电压产生的原因，有参数谐振和铁磁谐振两种情况，从该变电站多次的谐振调查情况来看，应该还是铁磁谐振，并且发生分额和基频谐振的情况较多。

（1）当值调控员查看监控系统信息，记录故障时间及现象，通知变电运维人员到现场检查。

（2）现场运维人员汇报 1 号电容器保护动作，1 号电容器组 B 相烧毁，有烧烤痕迹，无法投入运行。

（3）调度下令将 1 号电容器开关改检修，1 号电容器组改检修并退出 AVC 控制，通知相关检修人员到现场故障处理。

（4）记录故障，并汇报相关领导。

（5）在 1 号电容器检修期间，做好 10kV Ⅰ 段母线电压控制。

（6）故障处理实验合格后恢复运行，投入 AVC 控制。

（7）做好方式调整，避免谐振发生。发生谐振应采取下列措施：

1）断开充电断路器，改变运行方式。

2）投入母线上的线路，改变运行方式。

3）投入母线，改变接线方式。

4）投入母线上的备用变压器或站用变压器。

5）将 TV 开口三角侧短接。

6）投、切电容器或电抗器。

七、调度自动化系统异常处置

（1）值班调控员立即停用 AVC 系统，通知运维单位对相关厂站进行人工调整。

（2）通知各厂站加强监视设备状态及线路潮流，发生异常情况及时汇报。

（3）向上级调度机构汇报自动化系统异常情况。

（4）值班调控员通知相关设备运维单位，并将监控职责移交至现场运维人员。

（5）调度自动化系统全停期间，除电网异常故障处置外原则上不进行电网操作、设备试验。

（6）根据相关规定要求，必要时启用备调，根据应急预案采取相应的电网监视和控制措施。

八、调度通信中断处置

配电网调度机构、厂站运维单位的调度通信联系中断时，各相关单位应积极采取措施，尽快恢复通信联系。在未取得联系前，通信联系中断的各相关单位，应暂停可能影响系统运行的调度运行操作。

凡涉及电网安全问题或时间性没有特殊要求的调度业务，失去通信联系后，在与值班调控员联系前不得自行处置；紧急情况下按厂站规程规定处置。

通信中断情况下，出现电网故障，应按以下原则处置：

(1) 电源（厂）运维人员应加强监视，控制线路输送功率不超稳定限额。如超过稳定极限，应自行调整出力。

(2) 电网电压异常时，值班调控员、厂站运行值班人员应及时按规定调整电压，视电压情况投切无功补偿设备。

(3) 通信恢复后，运维人员应立即向值班调控员汇报通信中断期间的处置情况。

第三节　"看图指挥"在事故处理中的应用

传统的配电网抢修指挥模式面临如下难题：

一是人工研判速度慢。设备监控信息离散分布于不同系统，变电站信息存在于 D5000 系统，开关站及架空线自动化开关信息存在于 OPEN5200 系统，智能开关、故指等信息存在于配电自动化四区主站系统，故障研判需要调度员人工从各个系统查询并筛选各类告警信息，研判速度慢且信号易遗漏。

二是抢修处置过程无法动态展现。目前故障处置的倒闸操作和抢修过程仅能依靠调度员手动记录和置位，处置进度无法实时反映到电网接线图上，且后期故障复盘分析也主要依靠调度日志，分析过程繁琐。

三是跨专业协同效率低。调度与现场人员、管理人员主要依靠电话进行沟通，相关人员对故障情况的了解不够全面直观，调度、生产、服务各专业联动协作效率不高。

近年来，配电自动化技术取得了长足的发展，特别是 5G（量子）遥控的突破为配电网数字化转型奠定了坚实的基础。某供电公司开发"看图指挥"系统，为抢修服务的安全高效提供技术支撑。

一、"看图指挥"系统架构

"看图指挥"系统应用架构图如图 5-10 所示，该系统包括故障研判、分色预警、态势管控等功能，针对配网总线跳闸、分线跳闸、母线接地、母线停电等四种故障类型，能够快速精准研判故障范围、智能生成故障处置方案、精准推送故障信息等，并将故障范围、停电范围、处置过程等信息在图上分色展示，使故障处置过程可观、可控。

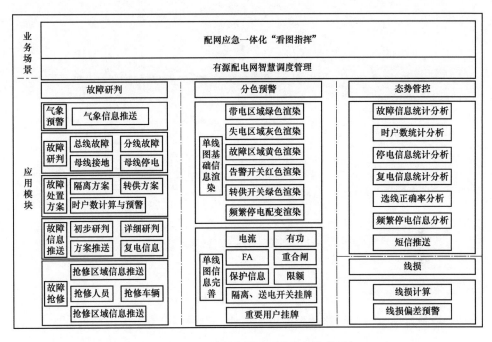

图 5-10　"看图指挥"系统应用架构图

二、"看图指挥"主要功能

看图指挥系统共分为动态运行图和故障抢修图两大用图。

1. 动态运行图

（1）变电站主接线图。系统可快速调用变电站主接线图，变电站主接线图中需展现配电网相关的所有信息，如保护定值和状态、重合闸（备自投、主配联动、FA等安全自动装置）运行状态、接地选线部署信息和历史准确率、线路挂接配变数、线路联络信息、遥测遥信数据等。

（2）线路单线图。可快速调用10（20）kV线路单线图，如图5-11所示。单线图中需展现配电网相关的所有信息，如保护定值和状态、重合闸（FA）运行状态、线路挂接配变数、线路联络信息、遥测遥信数据、频繁停电信息、敏感用户信息、历史故障信息、设备限额信息等。

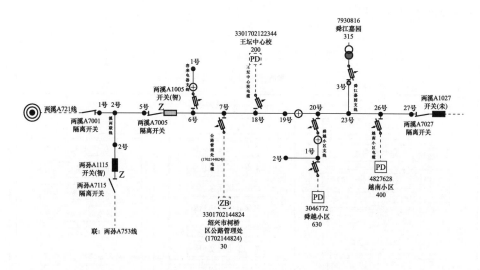

图5-11　动态运行图——线路单线图

2. 故障抢修图

故障抢修图共分为线路故障、母线接地、母线停电三个应用场景。

（1）线路故障。线路故障信息同步展示，动态研判并渲染故障范围与停电范围，指挥员处置信息按步骤标注。信息发布能实现一键执行，发布记录按顺序做好归档。整个故障事件处置完毕后支持故障事件回放功能。图5-12和5-13分别为故障范围研判和事件发布中心示意图。

（2）母线接地。母线接地相关的所有信息同步展示，如三相电压信息、接地选线信息、零序电流告警信息、用户缺相信息、工单报修信息、线路是否具备合环条件信息、历史接地信息等。图5-14为变电站母线接地相关分支线零序过流告警，系统可根据母线接地选线信息、分支线零序过流、智能开关零序过流、配变缺相信息等综合研判接地故障范围。

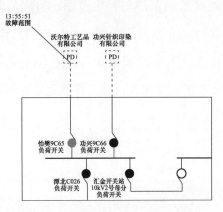

图 5-12　线路故障范围研判示意图

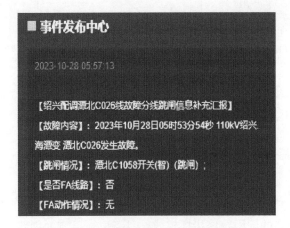

图 5-13　故障事件发布中心示意图

开关站分支线零流告警清单

告警信息
西富005N开关零序Ⅰ段过流告警西林花园2号环网柜皋北A549线值动作
秋地D071开关_1零序Ⅰ段过流告警时尚开关站(诸暨)皋北A549线值动作
姜旺942Y负荷开关零序Ⅰ段过流告警甘镇4号环网单元皋北A549线值复归
秋地D071开关_1零序Ⅰ段过流告警时尚开关站(诸暨)皋北A549线值动作
鸫渍5U44开关_1零序Ⅰ段过流告警鸫安开关站(诸暨)皋北A549线值动作
跨木2366开关_1零序Ⅰ段过流告警木桥开关站(诸暨)皋北A549线值复归
秋地D071开关_1零序Ⅰ段过流告警时尚开关站(诸暨)皋北A549线值动作
场贸2443开关_1零序Ⅰ段过流告警农场开关站(诸暨)皋北A549线值复归
东—93D1开关零序Ⅰ段过流告警东—开关站(诸暨) (保)皋北A549线值复归
东时F323负荷开关_1零序过流越限兴大东开关站 皋北A549线值动作

图 5-14　母线接地相关分支线零序过流告警

（3）母线停电。母线停电故障信息（保护动作信息、开关变位信息、主配联动信息、备自投动作信息、转供通道能力等）同步展示，在变电站主接线图的基础上动态研判并渲染故障范围与停电范围，指挥员处置信息按步骤标注。信息发布能实现一键执行，发布记录按顺序做好归档。整个故障事件处置完毕后支持故障事件回放功能。图 5-15 展示了母线停电故障发生后，主配应急智能联动功能动作，快速实现所属负荷调出和母线倒送的动作过程。

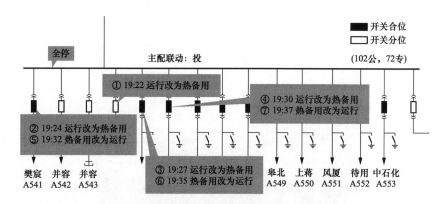

图 5-15 母线停电故障后自动快速处置示意图

三、"看图指挥"系统创新优势

"看图指挥"系统糅合了多个系统的离散信息，利用了人工智能、大数据等技术，相比于传统的配网抢修指挥模式，具备以下五方面创新优势。

（1）故障信息事件化。实现跨系统的零散信息整合，形成事件化信息，在故障研判时间大幅压缩的同时提高研判的准确性。

（2）处置过程可视化。依托电网拓扑，通过实时计算明确故障范围，以单线图的形式对故障范围进行展示，自动制定隔离和转供方案，并可根据复电情况动态更新拓扑着色，同时可实时显示开关位置、潮流、保护定值、重合闸情况等各类运行信息。

（3）处置流程标准化。结合"看图指挥"应用，完成抢修指挥标准流程的制定，实现全流程自动管控，提高流程执行规范，实现抢修效率的提升。

（4）抢修服务协同化。围绕优化客户服务，打破抢修与服务的专业壁垒，自动识别故障涉及的频繁停电用户、重要（敏感）用户等，提醒营销人员及时开展客户解释和舆情管控等，实现抢修与服务的联动。

（5）电网态势清晰化。将配网生产态势、故障态势集成于"看图指挥"应用，使调度人员、管理人员对计划工作进度、故障发生及处置进度等情况一目了然。

第六章　新型电力系统下配电网发展展望

第一节　新型电力系统面临的挑战

近年来，在国家政策的引导下，我国新能源产业迅猛发展。我国力争要在2030 年前实现"碳达峰"，2060 年前实现"碳中和"，构建新型电力系统成为一项艰巨的任务。

在全球能源革命的背景下，分布式电源装机比例将大幅提升。当前，分布式电源还面临着有序接入难、高效并网难、调控消纳难、运维监控难等难题，而以"新能源发电＋储能技术"模式为代表的智能微电网建设，将改善传统新能源电源波动性和间歇性特征，增强源网荷储的融合与灵活性，提升电网接入和消纳的安全性和可靠性。最终通过开展用能信息广泛采集、能效在线分析，实现源网荷储互动、多能协同互补、用能需求智能控制。

总之，从绿色低碳发展出发，探索新型分布式新能源的并网消纳模式，满足大规模、高比例分布式新能源并网需要，对于提升分布式新能源消纳水平、促进新能源产业发展、构建新型电力体系，具有重大而深远的意义。但是，构建新型电力系统也面临诸多挑战。

一、安全稳定问题

当分布式新能源高比例接入时，将改变配电网潮流原有方向，功率交换不可控，导致配电网运行方式复杂多变，电压控制难度增大和电网支撑能力不足等问题，以上因素均会影响电网的安全稳定和经济运行。一定规模分布式电源接入配电系统后，其输出的间歇性可能会造成系统电压或用户侧母线电压骤升、骤降，进而引起系统内敏感负荷脱网，进一步可能引发分布式电源大规模脱网，加剧电网运行风险。而煤电的作用，将定位于增强电力系统灵活调节能力，光伏和煤电共同构成新型发电基地，需要两者协作，才能提升新能源消纳水平。

二、电能质量问题

1. 谐波

分布式光伏采用的电力电子接口并网易造成谐波污染，当分布式光伏贡献的谐波电流足够大时，公共电网的电压或者电流畸变会超过 IEEE 标准。

2. 三相不平衡

配电网系统本身不是完全的三相对称系统，如果单相接入大量分布式光伏，且三相接入容量不同时，可能会加重电压三相不平衡度，从而使该指标超出规定值。

3. 电压波动与闪变

受光照强度、温度等影响，光伏发电输出功率具有随机性，易造成电网电压波动和闪变。

三、继电保护问题

分布式光伏接入配电系统后，配电网变成双电源或多电源供电结构，其故障电流的大小、持续时间及方向都将发生改变，容易造成过电流保护配合失误；故障点上游分布式电源提供的短路电流会抬高并网点电压，造成系统流入故障线路的电流减小，降低了变电站出线保护灵敏度，甚至造成拒动。在其他线路上发生故障时，本线路上分布式电源向故障点提供反向短路电流，可能造成出线保护误动。

四、电网投资问题

电网规划和分布式新能源规划的主体不同，缺乏有效的沟通协同，造成新能源与电网发展不协调，分布式电源无序接入。因此分布式发电将引起电网投资的增加，一方面将增加必要的接入线路；另一方面，当反送功率过大时，需要对已有电网进行加强。分布式发电将会降低网供电量，从而会影响电网的售电收益。分布式发电高峰时将降低配电网功率合主网的下网功率，从而降低输配电设备的使用效率。

第二节　配电网发展展望

现有的通信、控制、电力电子等技术的更新与新技术的开发利用，将毫无疑问给分布式发电与配电网未来的发展带来不可避免的革新，本章从三个视角的相关技术来探讨未来分布式发电与配电网协调发展。

一、从用户视角看新型电力系统下配电网发展

目前，虽然分布式发电的利用已经有了很大的进展，但针对家庭式的分布式发电技术仍然有很大的发展空间。

未来人们对分布式发电认可度的提升必定会促进大量家居式分布式发电系统逐步建立，因而开发廉价、便捷的家居式分布式发电技术可以充分促进分布式发电的发展。而在智能用电技术方面，虽然已经有智能电表的应用，但可有效提升用户用电体验的智能用电技术尚待研究开发，其次可供研究用户用电习惯等的智能用电技术还没有形成系统的技术框架。需求侧响应技术作为近年配电网研究应用的热点，可以实现配电网与用户实现双向互动，实时满足用户用电需求的需求侧响应技术仍然还有待研究。它能够引导用户主动参与电网能源优化利用，使配电网高效稳定的实现"削峰填谷"经济调度和主动控制的供需协调技术有待开发。

从用户的角度来看，家居式分布式发电技术、需求侧响应技术等技术的应用可以实现用户与配电网的双向互利，因而对促进分布式发电与配电网的协调发展有一定影响。

二、从信息视角看新型电力系统下配电网发展

电网的调度、控制等各个方面都离不开信息通信技术，先进的通信技术在

配电网安全运行中在扮演着至关重要的角色。当前，配电网的通信技术已经在很大程度上得到了改善，但高效实时的通信技术并没有得到统一，未来分布式发电与配电网的协调发展离不开先进的通信技术。因此，统一通信协议的配电网通信技术有待进一步的加强。同时，信息处理技术对分布式发电和配电网的发展也极其重要。大数据与云计算技术的研究应用已持续多年，但将其应用于配电网和分布式发电中对历史气象信息进行数据分析与规律学习实现风机、光伏出力的有效预测和对各类分布式电源运行过程中产生的大量数据的优化利用以实现对分布式发电的运行控制与能源利用优化仍然有待进一步的研究。因此，对配电网和分布式发电的运行信息数据进行处理，以保证分布式发电和配电网的优化运行，实现配电网和分布式发电的状态监测、运行预测等功能的云计算技术建模分析和仿真算法平台有待进一步的开发。

从信息的角度来看，信息技术的不断进步，给分布式发电与配电网带来了巨大的发展机遇，未来主动配电网的实现离不开统一先进的实时信息通信技术。同时，利用大数据及云计算技术在数据处理等方面的突出优势，开发针对配电网与分布式发电的大数据处理及云计算平台以优化分布式发电与配电网的运行值得更多的期待。

三、从控制视角看新型电力系统下配电网发展

随着智能电网的研究应用，我国配电网与分布式发电的运行控制自动化水平已经有了很大的提升，但现有的控制技术很难满足未来配电网与分布式发电的发展需求。分布式发电与配电网运行的各个环节都离不开各类控制技术，控制技术的突破将对分布式发电的并网利用有着重要的影响。大规模的分布式发电优化利用需要强有力的电力电子控制技术、功率控制技术作为有效支撑，而大量多层次分布式发电典型的分散性特点使得现有的控制技术很难满足分布式发电利用的需求，能有效弥补分布式发电与传统配电网运行与控制的缺陷的新型分布式智能控制技术需要更多的研究。同时，应用分布式智能式、集中式以及混合分层式控制模式几种控制模式以使配电网控制构架层次分明、目标明确

的控制技术模式也需要进一步的研究开发。

从控制的角度来看，分布式发电的发展需要控制技术作为支撑，配电网实现主动控制离不开新型智能主动控制技术的开发。因此，分布式发电与配电网发展过程中，对现有控制技术的更新以及新型智能控制技术的突破需要得到更多的关注。主要表现在配电网自动化和微电网运行两个方面。

1. 配电网自动化

一次系统网络构架发生根本改变，网架的设计应该更加灵活、合理，并应用快速断路器、故障电流限制器等新设备；在二次系统中，应用广域保护、就地快速故障隔离等新技术，及时检测出故障并进行快速自愈操作。

整个城市配电网将是通过联络开关形成"手拉手"环网结构，开环运行。正常情况下有正常的运行方式，在故障情况下，由就地隔离保护和一套依靠高速通信及逻辑判断来确定故障区段。当配电网发生故障时，可以将整个配电网分为三部分：故障上游区、故障区、故障下游区。

在故障上游区可上溯干线支路找到电源干线，合上该电源干线即可恢复故障上游区供电。在故障区将故障线路两侧断路器拉开将故障隔离。在故障下游区则进行一次搜索，得出失电区所有的供电恢复路径集合。

同时该智能系统的监控主站采用配电 GIS 系统，能监控到系统影响的用户范围。且能通知用户，告知该范围内需进行故障检修。故障范围内用户可依靠智能故障隔离系统与电网断开，依靠邻近的储能装置进行临时供电。

2. 微电网运行

微网系统由分布式发电系统、储能系统及低压配电回路组成，并能与调度进行通信。微网是指接有分布式电源的配电子系统，它可在主网停电时孤立运行，也可并网运行，属于有源网络，有源网络指分布式电源大量应用、深度渗透，潮流双向流动的网络。

分布式电源由小容量的太阳能、沼气、可再生能源发电。由于民用洁净电源技术的日益成熟，使得一些分布式电源已经或有望在不久的将来走入千家万户。

　　储能系统的储能逆变器是一类适合智能电网建设，应用在储能环节，以双向逆变为基本特点，具有一系列特殊性能、功能的并网逆变器。储能逆变器适用于各种需要动态储能的应用场合，就是在电能富余时将电能存储，电能不足时将存储的电能逆变后向电网输出。

　　大量的分布式电源并于配电网上运行，彻底改变了传统的配电系统单向潮流的特点，要求系统使用新的保护方案、电压控制和仪表来满足双向潮流的需要。除了节省对输电网的投资外，它可提高全系统的可靠性和效率，提供对电网的紧急功率和峰荷电力支持，及其他一些辅助服务功能；同时，它也为系统运行提供了巨大的灵活性。

　　通过智能终端与用户互动，智能交互终端由安装在用户端的智能设备，位于电力系统内的电能量采集系统和连接它们的通信系统组成。

　　为加强需求侧管理，该体系又延伸到了用户住宅之内的室内网络。这些智能终端能根据需要，实现多种计量，并具有双向通信功能，支持远程设置、接通或断开、双向计量、定时或随机计量读取。同时，有的也可以作为通向用户室内网络的网关，起到用户关口的作用，并实现对用户室内用电装置的负荷控制，达到需求侧管理的目的。因此，高级交互终端不仅能为电力系统提供遍及系统的通信网络和设施，也能提供系统范围的量测和可观性。它既可以使用户直接参与到实时电力市场中，也可为系统的运行和资产管理带来巨大效益。

　　智能终端实现的功能：用户可得到连续即时的计量信息；支持灵活的分时电价；对参与市场的用户提供实时电价，并实现同实时电价相结合的自动负荷控制；降低负荷峰值，提高系统资产利用率，降低应对需求增长所需的固定投资成本；集成用户侧的分布式发电；远程监视电能质量与实施电压控制；快速的系统故障定位和响应；非技术性能量损耗的检测；为系统调度，规划和运行提供精确的系统负荷信息；在新一代的智能设备和高级服务之间实现信息共享。智能交互终端能够对家庭里的用电设备进行统一集中管理，监控其运行和用电情况，并提供本地和远程的多种家电控制手段。

　　面对未来的配电网自愈性高、微电网的接入和用户互动性增强的特点，供电可靠性和供电质量大大提高。原来的配电设备在速度上已不能适应智能电网的要求，需要研发新型高效的配电设备。原来的机械开关已不适应智能配电网技术，需要由大功率的电子开关代替，大功率电力电子技术在配电网中的应用，将引领配电技术的发展。智能开关是在电压或电流指定的相位完成电路的断开和闭合，这样由操作过电压决定的电力设备绝缘水平可大幅降低，由于操作引起的设备损坏可大大减少，随着大功率可关断晶闸管研发成功可实现这一功能。

随着用户侧分布式电源的增多，短路电流呈日益增大的趋势，电力电子技术、超导技术、计算机技术和新材料等的发展为限制短路电流提供了可能。故障电流限制器的研制和开发可解决短路电流的问题。

"即插即用"就是为用户拥有分布式电源及新型用电设备，提供便捷、可靠、安全的接入电网的方式，保证用户设备和电网互联后，均正常运行。即插即用设备实现后，用户获得能源的方式更加灵活，用户可以在自身能源充足时，将风电、光伏等电源接入电网，用户可以在电价便宜时对储能装置进行充电，在电价高时使用和出售。智能配电网通过供需互动的双向服务，来达到供需双赢、国家受益，因而成为智能电网所追求的一个重要目标。城市智能配电网将是具有坚强的网架结构和灵活的运行方式，适应城市电力需求和电能发展，提升用户多样化发展服务能力，满足经济社会全面、协调、可持续发展。

四、从配电网形态看新型电力系统下配电网发展

随着电力市场机制的日益成熟、源网荷储协同控制的关键技术突破、电化学储能大范围推广应用，直流负荷占比将迅速增长、微电网应用将日趋广泛，配电网将逐步形成互联电网与微电网并存、交流与直流混联、功率潮流动态均衡、分层分区立体调控的新型配电网络。

1. 结构特征

未来配电网形态特征体现在 3 个方面，分别是微网集群、柔性组网和广域互联。

（1）微网集群。中低压配电网各层级将普遍存在微网形态。微网是具备一

定自治能力、并以新能源接入和消纳为主要目标的局部电网，它可以实现多元主体分区自治并在局部实现功率平衡和能量优化，然后以虚拟电源或负荷的个体形态与大电网柔性连接，解决大电网不足以支撑海量主体集中控制和就近平衡的问题。

（2）柔性组网。微电网与互联电网之间、中压线路之间、中压标准接线组之间，按需配置 SOP 软开关，实现配电网的多端柔性连接，突破短路容量、电磁环网的限制，局部合环运行、互联互通、互供互济，并为直流负荷、电源、微网提供即插即用支持。

（3）广域互联。多条线路或接线组可通过 SOP 软开关实现更大范围的广域互联。提高分层分区就近平衡能力和范围，扩展能源输送通道，提高能源输送效率，提升网络架构相互支援和配电网灵活互供能力。

2. 运行特征

未来配电网融合先进信息通信技术、智能控制技术、综合能源技术和多元互动技术，运行中呈现柔性、刚性与韧性并济的特征。

正常运行态的柔性。网格"生命体"能够主动调整网络结构和电压分布，使配电网处于低损高效优质的运行区间；主动适应检修、施工等可控的方式安排，主动防御可能发生的故障，减少用户的停电时间；主动管理各类灵活性资源，满足分布式电源的高效消纳和多元化负荷的友好接入，表现出自调节、自适应的柔性。

一般故障态的刚性。网格"生命体"能够主动研判故障发生位置，通过网络重构快速隔离故障，恢复对非故障段用户供电，表现出抗干扰、自愈合的刚性。

极端故障态的韧性。网格"生命体"能够主动识别重要用户，通过灵活自组网方式形成主动孤岛，实现降额自持运行，确保重要用户持续不间断供电，表现出抗风险、自恢复的韧性。

3. 功能特征

未来配电网的功能特征重点体现在 3 个方面，分别为分布式新能源即插即用、能源的分层分区就近平衡、源网荷储协调互动。

分布式新能源即插即用。基于 SOP 软开关的柔性组网，为交流配电网提供了直流分段或直流接口，为分布式新能源、储能、电动汽车充电等多元交直流主体即插即用提供网架支撑，满足大规模新能源高效便捷、低成本接入配电网。

能源分层分区"四级消纳"。微网形态以及广域互联的未来配电网，为新能源的自下而上"四级消纳"提供广域平台。在配电变压器台区低压网络提供第一层消纳平台，在中压微网形态提供第二层消纳平台，在包含微网集群的互联网架内提供第三层消纳平台，在互联网架的高压变电站提供第四层消纳平台。

源网荷储协调互动。基于电力电子设备的柔性组网，将大幅提升配电网对新能源、储能、微电网等多元主体的接纳和驾驭能力，结合先进的源网荷储协调控制技术，实现各侧主体对电网的功率支撑和潮流调节，提升配电网的整体弹性。

五、从政策视角看新型电力系统下配电网发展

为了应对大规模分布式新能源并网带来的挑战，应充分发挥电网在促进新能源发展中的基础平台作用，以促进分布式新能源全额消纳、保障新能源与电网稳定运行为目标，推进新型电力市场建设和体制机制创新，加快建设适应新能源快速发展的统一开放、竞争有序的电力市场体系。

（1）建立科学合理的新能源隐性成本分担机制。加快新形势下的电力立法进程，明确各方权利与义务，形成生态共建、低碳共享、成本共担的法律保障。发挥电力市场的资源配置作用，建立完善的电力辅助服务市场机制，按照"谁引发、谁承担"的原则，由新能源根据自身波动性对系统成本的影响程度分担成本，调峰成本通过现货电力市场进行疏导；备用成本通过备用辅助服务电力市场进行疏导。

（2）健全储能市场机制和配套政策。构建清洁能源增长、消纳、储能协调发展的体制机制，完善相关支持配套政策，加大储能技术开发力度，在大型能源基地开展储能创新示范，明确储能参与调度与市场交易的补偿机制，推动储能规模化应用。建议合理确定可再生能源发展目标，因地制宜制定发展策略，

降低开发综合成本，加快新技术研发，提升电网消纳和送出能力。

（3）加快出台需求侧可中断负荷电价机制。运用综合竞争性招标、政府定价等多种模式，形成合理的可中断负荷电价，推动由固定价格补偿向市场化转变，引导用户更加自愿参与需求侧响应。结合电网实际负荷曲线，增设尖峰电价和优化电价时段，以价格信号促进用户合理错峰用电，增强电网运行腾挪的弹性空间。探索动态尖峰电价，针对性调动灵活负荷响应能力，加强削峰效果。